允许自己做自己

Be
Yourself

做一个舒展、
自在的人

傻白◎著

民主与建设出版社
·北京·

图书在版编目（CIP）数据

允许自己做自己 / 傻白著 . -- 北京：民主与建设
出版社，2023.8
ISBN 978-7-5139-4329-1

Ⅰ.①允… Ⅱ.①傻… Ⅲ.①情绪 – 自我控制 – 通俗
读物 Ⅳ.① B842.6-49

中国国家版本馆 CIP 数据核字（2023）第 158120 号

允许自己做自己

YUNXU ZIJI ZUO ZIJI

著　　者	傻　白	
责任编辑	程　旭	
出版发行	民主与建设出版社有限责任公司	
电　　话	（010）59417747　　59419778	
社　　址	北京市海淀区西三环中路 10 号望海楼 E 座 7 层	
邮　　编	100142	
印　　刷	唐山富达印务有限公司	
版　　次	2023 年 8 月第 1 版	
印　　次	2023 年 9 月第 1 次印刷	
开　　本	880 毫米 ×1230 毫米　　　1/32	
印　　张	9	
字　　数	180 千字	
书　　号	ISBN 978-7-5139-4329-1	
定　　价	55.00 元	

注：如有印、装质量问题，请与出版社联系。

前　言

修炼内在美好的七种力量

你好，我是王宇，一个更广为人知的名字叫作"傻白"。在这本书里，我将会带你进行一场关于"内在""原生家庭""自我心智"的探索之旅。这本书适合所有迷茫、焦虑、情绪不稳、拖延、缺乏动力以及那些遭受过原生家庭创伤，抑或是想要提升思维、改善性格的朋友。希望你能把这本书当成自我内在提升的工具。有需要和有疑问的时候，可以随时拿出来翻一翻，找找答案。

两年前，从我开始从事内容自媒体行业的时候，就给自己定下了一个目标——做一个对他人有帮助的博主。两年过去了，我认为我做到了。我在全网的粉丝量突破了 500 万，获得无数朋友的好评。不少人都从我讲的内容中学到了东西，明白了道理，收获了疗愈。

我平时的主职工作是在一家世界 TOP5 公司做项目管理，负责整

允 许 自 己 做 自 己

个公司在全世界范围内的供应链以及自动化的推进，管理着来自世界5个地区的30多人的团队。后来，我又在美国西雅图创立了一家智能家装公司，专门为用户提供智能化家装解决方案。2019年年底，因为疫情的原因在家隔离，想找点儿事做，便在国内外各大主流平台开创了名为"傻白呀"的自媒体个人IP。承蒙粉丝的厚爱，迄今为止，我所发布的视频获得了上亿的播放量及点赞量，内容更是被转发到无数个内容创作平台，同时我也创立了自己的文化创意内容工作室。

因为我的职业和其他诸多原因，在这两年多的内容制作旅程中，我曾经多次想过放弃。但是每一次支撑我继续走下去，继续创作的动力源泉，就是我的粉丝朋友们。我曾成千上万次地收到粉丝的留言和来信，提及我的内容对他们的生活产生了深远的影响和莫大的帮助。有一位粉丝（后来得知她也是自媒体同行）在2023年年初告诉我，她之前患有抑郁症，本来已经准备好了遗书，正是偶然间刷到我的视频，从此对人生产生了一丝希望，打算"再试一下"。然后她把这段内容以及一些对人生的感悟录了下来，发到了B站上，又影响了数以万计的人。当我听到她的故事后，鼻子酸了，眼眶红了，十多年没哭过的"硬汉"差点儿就流下了不争气的泪水。本来有点儿疲惫的我，一下子又找到了那股久违的创作热情。正如我喜欢的美国诗人艾米莉·狄金森的一句话："哪怕我能使一颗心免于破碎，我这一生就没有白活。"我希望这可以成为我一生践行的使命。

写书其实是我一直以来的愿望，不仅因为我有很强的表达欲和利他思维，同时我也真诚地希望把我迄今为止的所学所见、所思所想传达给所有人。如今的我们正身处于一个前所未有的快节奏时代——大家可以用 10 分钟看完一部电影，3 分钟明白一个知识点，几秒钟知道一个道理。有数据统计，如今用户的平均注意力时间只有短短的 3 秒。也就是说，身为一个内容制作者，如果你创作的内容在 3 秒钟之内无法引起用户的兴趣，那么用户就会滑走。不管后面的内容多精彩、多有帮助、能带来多大价值，也于事无补。所以每一期视频，为了那点儿可怜的完播率，我都如临大敌，绞尽脑汁，生怕自己内容里的精华来不及被看见就消失在信息的荒漠里。然而，身为一个知识播主，尤其是像我这种不太懂营销，不太喜欢用"标题党"博眼球来达到目的的博主，要想利用短短的 3 秒钟来打动用户，实在是太难了。而且，即使用户真的看下去了，我也不得不继续为了完播率和满足平台的种种要求，而缩减内容长度和知识密度。太专业的知识不能讲，太长的例子不能用，很多涉及平台限制的内容不能说，种种因素就导致了每次最后发布出来的内容往往是反复阉割之后的结果。

　　这些年，我读过很多书，有畅销的，也有小众的；有评分高的，也有骂声一片的。通过长期阅读国内外的各种经典畅销书，我得出了一个结论——要想写好一本书，除了对所在领域有必要的积累之外，也必须要有点儿用户思维。很多书，作者很有学问，比如作者是某个大学的教授、某个领域的专家，结果书里堆砌了很多实验例证、数据图表，就像是一本枯燥的论文合集。对于某些专业人士来说，这可能

允 许 自 己 做 自 己

是一本好书，但对于大多数普通读者来说，作用很小，因为他们根本读不进去。还有些书，虽然没有枯燥乏味的理论知识，但是整本书更偏向于"鸡汤文"，只是用各种华丽的辞藻和名言名句堆砌出一篇篇唯美的散文诗。读者看了一头雾水，"鸡汤"喝饱了，但是回想起来什么都记不住。我认为，正是这一本本不懂用户、内容空洞、以自我为中心的书，才使得如今有那么多人对读书这件事丧失了兴趣。而我一直以来的愿望是写出一本真正对人有用并且能让人看得进去的书。于是，经过了这几年对内容的积累和打磨，带着从事产品这么多年对用户思维的思考，傻白终于完成了如今你手中的这本书。

像我前面提到的，我希望它是一本有用的工具书。除此之外，我更希望它是一本可以帮你变得更好的成长之书。在书中，傻白将会详细为你讲解影响你个人成长、人生幸福的几种能力，它们分别是：情绪力、性格力、原生力、自驱力、行动力、思维力以及热爱力。

情绪力、性格力、原生力这几章里，傻白会带你探索人的"内在力量"，了解你的情绪、性格的形成原理以及原生家庭对人的影响。我会提出一些帮你稳定情绪、改善性格问题，走出原生家庭阴影的好方法，比如"如何缓解焦虑""摆脱无聊和孤独感""情绪管理""如何变得自信""内向的人如何活得自洽""高敏感性格应该怎么办""如何收获情绪自由的人生""摆脱原生家庭的操控和影响"，等等。这一部分旨在疗愈和修正，让你拥有稳定的内核。

自驱力和行动力这两章，我会带你详细地了解心智的底层工作原理，你会明白 "什么是真正的自律" "意志力究竟是什么" "瘾是怎么形成的" "如何正确地摆脱拖延症" "如何提升效率" "如何改变自己"，等等。这一部分旨在分享成长经验，告诉你正确的行动方法论，帮助你知行合一。

思维力和热爱力这两章，你会了解到思维以及爱好的重要性，我会详细介绍几个非常好用的思维模型、几种我们应该规避的思维陷阱，提升你的决策质量，挖掘你的热爱和天赋以及利用冥想解决内在问题，等等。最后这部分旨在帮你觉醒，让你明白人生的意义，助你拥有前行的动力。

既然是一本工具书，那傻白就不得不介绍一下这本书正确的打开方式了。其实不只是这本书，我希望任何书（小说、诗歌、散文题材除外）你都可以尝试应用以下这套使用方法。

一、带着目的读书

正式开始之前，咱们先来做一个小测试。请你闭上眼睛，用一分钟时间仔细回忆一下你所在的环境里有多少绿色的物体。是不是没有思路？不管你记忆有多好，在你毫无准备的情况下让你回忆细节无异于大海捞针。好，咱们现在反过来，我提前告诉你，我们要统计屋子里绿色物体的数量。这个时候请你环视四周（不要数），然后咱们再闭上双眼，算算周围有多少绿色物体。这次是不是容易多了？道理其实很简单，因为我们第二次是带着目的去的。上学时你一定没少吃过语文、英语阅读理解的亏吧？一篇文章，成百上千字，往往是看完一遍，就算内容记得差不多了，做完前几题，也什么都忘了。为什么会这样？问题就出在我们的阅读是盲目的，是没有目的的。所以，傻白希望你在阅读这本书的时候，可以在每章开始之前预想好你要解决的问题，充分地调动起你的好奇心和注意力。当然我特意把每章要解决的问题放到了最开头，方便你很容易找到。这种"带着问题找答案"的阅读方式显然比传统的"漫读"方式要高效很多。

二、跳跃选读

很多人读书都有一个误区，那就是喜欢通读全书。拿来一本书，非得从头到尾，从前言到每个章节，全部细细品读一遍，生怕错过每一个精彩细节。且不说一本书里是不是真的有这么多精彩细节，也不提你这样通读一遍究竟能记住多少内容，光从解决问题的角度来看，通读的投入产出比（ROI，Return On Investment）并不高。我喜欢把读一本书比喻成"吃一次满汉全席"。即使这里面108道菜样样都是精品，也肯定有你不需要、不爱吃、吃不了的菜品。就拿这本书里的内容来说，在"一起聊聊性格这件事"这一章，如果你不是高敏感人群，或者你不是内向性格，那你显然可以在第一遍阅读这本书的时候跳过相关内容。如果你的时间充裕，并且在读过一遍之后你想要了解更多自己性格外的东西，那你完全可以回过头来补读相关章节。

三、费曼读书法

在每次读完一个章节之后，傻白希望你能够把里面的内容讲给亲人朋友，或者镜子里的自己听（也欢迎你把它输出成视频、音频传播给更多的人）。这种方法就出自大名鼎鼎的"费曼学习法"（Feynman Technique）——把复杂的知识简单化，以教代学，让输出倒逼输入。在我看来，任何高深的知识，只要你能用平实的语言把它讲明白，就证明你真的掌握了它。在这个过程中，如果我们发现了问题，就需要思考、搜索，去相关材料里找答案，这个过程不仅让我们掌握了更多的知识，同时也把这个知识点彻底理解清楚了。

四、体系化阅读

有些朋友发现自己看了不少书，依然没有提高，比如效率低，记不住，或者对某类问题的理解依然不够深刻。其中一个很大的原因就是，他们没有进行"体系化阅读"。如果你一会儿看心理学的书，一会儿看经济学的书，一会儿又看管理学的书，也许你真的看了不少书，但是这些书之间并没有什么联系。我们大脑之中的知识并不是一座座孤岛，也不是一份份杂乱无章的文件，而是一张张蜘蛛网一样的结构。一个知识点，你能建立的连接越多，你就能把它记得越牢，同时你的理解也就越深刻。在这本书的最后，我会列出所有在本书中参考引用的书籍以及文献，希望这些可以成为你的扩展读物，帮助你加深对某些知识和内容的理解。

最后，傻白满怀真诚地把这本书推荐给你，希望它不仅可以成为帮助你提升自己的工具，同时也可以成为你的朋友。既然是朋友，想必我们不会只有一次对话。同时傻白也欢迎对于本书内容有疑问的朋友可以来抖音或者小红书平台，给我私信、留言，我会尽力解答。

目录

contents

第一章
情绪力：情绪决定成败

第二章
一起聊聊性格这件事

第三章
原生家庭，不该是你的宿命

第四章
沉浸比某种自律更重要

第一章

情绪力：情绪决定成败

喜怒哀乐，司空见惯，但是很少有人知道它们究竟是怎么形成的，又是怎么不受控制的。正是因为它的未知和随机，才有了如今很多人的情绪不稳定。在我看来，人对于情绪的掌控能力是情商的一部分，也是最重要的部分。因为重要，所以我特意把它放在了第一章。在这一章里，我将会带你了解不同情绪的形成原因以及一系列负面情绪（恐惧、焦虑、迷茫、紧张、无聊、孤独）的缓解方法。希望通过这一章的内容，可以帮助你成为一个情绪稳定的人。

第一节　情绪的本质

情绪是什么？从学术上来说，情绪是人体内部的主观体验；通俗地说，情绪是一种个人感受，是"不足为外人道"的主观产物。我们之所以能轻松地分辨出人的喜怒哀乐等情绪，是因为情绪所带来的外部表现。比如生气的时候，你会脸红脖子粗，会提高音量；高兴的时候，你会嘴角上翘，会手舞足蹈；难过的时候，你会沉默寡言，甚至流泪崩溃。从生理学角度来看，情绪是由多种生物学因素引起的，如神经激素、大脑中的化学物质和身体的自主神经系统的反应。当然，情绪也可以反过来影响生理过程，如心率、血压和呼吸等。这种互动关系表明了情绪和生理反应之间密切的联系，从而强调了情绪的生物学本质。

从心理学角度来看，情绪涉及对事件的主观评价、情感体验、情感调节和情感表达等方面。不同的认知往往会导致不同的感受和行为，因此情绪也被认为是一种心理过程。大多数人都知道，人的身体里有两套系统，一套是理性系统，另一套是感性系统。后来美国有个很著名的心理学家乔纳森·海特把它命名为大象和骑象人。感性的自己像一头大象，有冲劲，易受情感支配。而理性的自己是骑象人，沉着冷静，客观理智。骑象人骑在大象身上，手里握着缰绳，看起来他在控制大象，实际上他的力量跟大象比那是九牛一毛，一旦跟大象起了冲突，他那根缰绳就瞬间成了摆设。人的理智那部分，通常是由于知识和经验的积累，自然而然形成的，它是有逻辑可循的。而感性那部分，就像后台运行的程序一样，看不见摸不着，没法总结为"因为 X 所以 Y"的因果关系。从遗传学来看，感性系统是人类祖辈传给我们的动物性。就比如 "恐惧"，正是因为我们人类拥有了这类情绪，我们的祖先才得以在恶劣的自然环境中生存下来。草丛里有了动静，电光石火之间，我们是不可能调动理性系统进行分析处理的。此时能让我们快速决策，趋利避害的就是我们的感性系统，是"恐惧"告诉我们要往后退，而不是傻乎乎地往前冲。各种各样的情绪也就是在我们的"感性系统"里产生的。

现代人定义了很多种情绪，比如恐惧、悲伤、焦虑、愤怒、嫉妒、快乐、激动、紧张、兴奋等。虽然它们看起来各不相同，但从本质上来说，人的基本情绪也就四种，那就是喜、怒、哀、惧（美国加利福尼亚大学旧金山分校心理学家保罗·艾克曼的发现在一定程度上证实了，人类的确存在这四种核心情绪）。就像红黄蓝三原色构成所有颜色一样，这四种基本情绪构成了我们生活中那成千上万种情绪。比如焦虑，从某种程度来看是对生存的恐惧——你焦虑自己的工作会丢，

允 许 自 己 做 自 己

自己的存款太少，另一半会离开自己，从本质上来看是你害怕自己的生存受到伤害；再比如，嫉妒是对社交的恐惧——你嫉妒小王挣得比你多，小李比你学习好，闺密比你漂亮，这些都是因为你害怕他们比你拥有更多的社交权利，会变得比你更受人欢迎。

因为情绪是一种很主观的东西，所以重新调整认知和判断才可以改变情绪的表达；认识到情绪的底色是喜怒哀惧，我们才能做到对症下药、触类旁通。

一、情绪管理有多重要

我很多次跟人提到过情绪稳定在当今这个时代的重要性。不管是亲密关系、亲情友情、子女教育，还是沟通、工作、投资、创业，情绪稳定都是毫无疑问的第一品质。谈一段时刻需要提防对方情绪的恋爱，交一个时常需要帮他打扫情绪垃圾的朋友，都是特别心累、特别没有安全感的事儿。而且对你自己来说，情绪不稳定会影响你的很多判断，会让你在亲密关系、社交关系里处于劣势地位。这就意味着，任何人都拥有主宰你情绪的能力，他们可以随时随地让你哭让你笑、让你生气、让你崩溃，这是一件非常可怕的事儿。

我们经常能在新闻上看到情绪不稳定带来的严重后果，"歇斯底里般的争吵导致离婚分手""开车斗气而家破人亡""打骂孩子导致其抑郁自杀""争执中推了对方一把而被送进监狱，葬送美好前程"……所有这些糟心事儿，看似是认知不够、人品不行，可归根结底是缺乏情绪管理的能力。

通过我的长期观察发现，不管是待人还是接物，即使是极度理智的人，也会掺杂一些感性因素，受到情绪的影响。就比如，你心情好的时候，老板给你布置了一项工作，你大概率会斗志昂扬，像打了鸡血一样，加班加点地完成。你会感觉自己受到了老板的重视和公司的重用。夜深了，交活儿了，你可能还会发个朋友圈，配上夜间街道的路灯，桌上的咖啡，还有"公司栋梁"四个字的文案。但是当你心情不好的时候，老板给你布置了任务，你可能会消极怠工，效率极低，扭头就上知乎提问："我该不该辞职？"

对于普通人来说，长期负面情绪的堆积会对我们的身心造成非常严重的危害。

二、长期负面情绪对人的影响

不知道你听没听过野马效应。非洲草原上有一种蝙蝠，专门靠吸血为生。你别看野马平时多么嚣张跋扈，但就是拿这个小家伙没办法，很多野马被它们活活折磨死。本来草原上的人都以为这种蝙蝠是"吸血鬼"，或者携带什么致死的病毒。但是后来动物学家通过研究发现，这些蝙蝠其实所吸的血量极少，远不足以导致野马死去。野马是由于受到蝙蝠的骚扰，变得暴怒而狂奔致死，这也就是著名的野马效应，它用来形容我们因为一点点小事儿，而产生我们无法掌控的情绪，进而对自身造成伤害的情况。

有研究表明，迄今为止，已知有200多种病和情绪有关。长期的情绪低落会导致内分泌失调、行为认知障碍以及严重的心理障碍。著名的诺贝尔奖得主伊丽莎白·布莱克本教授，在她的TED演讲和畅销书里提到，长期的负面情绪会让端粒普遍变短。而这也是衰老和健康的决定因素。所以我们经常说，任何养生在坏情绪面前都不值一提，比起养生，你更应该养脑。只有你的情绪健康了，你的身体才能健康。

三、关于情绪的几个真相

第一，人脑是负面情绪的大磁铁。

美国著名心理学家芭芭拉·弗雷德里克森说："我们每天的正面情绪和负面情绪的比例要大于3:1，才能维持积极情绪的正循环。"也就是说，一个人每天要有超过3/4的情绪都是积极情绪，他才能感到开心幸福。听起来好像没什么，但是做起来真的非常难。之前我们提到，情绪是祖先遗传给我们的对抗恶劣环境的法宝。在我们人类漫长进化的过程中，生存永远是我们的第一个任务。相比"活下来"，"活得开心"显然就变得微不足道了。正因为我们要活下来，我们的大脑就需要有一套保护应激系统，就是这套系统让我们对恐惧和不确定的东西格外上心，会难受、会愤怒、会焦躁不安。这也就是我们往往对失去比得到更敏感的原因。后来，现代心理学也通过研究发现，我们的大脑确实会对三种东西格外敏感：恐惧、不确定性和自我怀疑，合称为FUD因素（Fear,Uncertainty,Doubt）。

美国加州大学曾经做过一个实验。同样是半杯水，描述它究竟是一半满，还是一半空，对于听众来说，影响是完全不同的，人们更倾向于被负面信息所吸引。他们做了一个实验，找到了两组病人。一样的病，都需要做小手术。第一组人被告知，这个手术有70%的成功率，第二组人被告知，这个手术有30%的失败率。结果可想而知，第一组的那些病人听到消息的时候显得非常高兴，而且主动配合治疗，情绪高涨；而第二组病人在听到消息后情绪非常低落，感觉就像是得了绝症一样。但是当医生反过来告诉他们有70%的成功率时，他们完全没有因为这个积极正向的消息变得高兴。

第二，人脑在同一时段只能主存一种情绪。

有人可能会觉得有点儿奇怪，不是经常能看到"笑中带泪""愤怒的悲伤""又焦虑又抑郁"这些复杂的情绪吗？但是你要知道，这种多元组合情绪，其实绝大多数情况下也只是一瞬间，一般也都是一种情绪向另一种情绪过渡的时候，它们才会短暂"共生"。

第三，人的情绪是可以控制和调节的。

经常听到有人说，我天生脾气大，我没办法，改不过来。事实真是这样吗？人真的控制不了情绪吗？那些所谓脾气差，控制不住自己情绪的人，对待那些更重要的人时，为什么通常会有所收敛？那些对待强势的人胆怯懦弱的人，为什么对自己的孩子却能怒发冲冠、言辞犀利？我想传达给你一个非常重要的观点：你是情绪的主人，你完全可以控制自己的情绪。

四、情绪管理的目的

很多人对于情绪管理都有误区。首先，情绪稳定并不是没有情绪，你依然会有喜怒哀乐，重点是，这些都在可控范围内。

据我的长期观察总结来看，情绪稳定反映在三大方面，以这张振动图为例：

1.振动出现的次数不应该太多。就比如，在一周之内，你不会经常发脾气。你不会天天心情很糟糕，负能量缠身。

2.情绪稳定者情绪振幅最高点处在大众平均水准之下。比如每次发脾气的时候，你不会有太大的反应，不会歇斯底里地咒骂、打砸物品，甚至与人产生肢体冲突。

3.振动可以很快消失。你可能会发脾气，但是很快就能缓和，你不会因为一点负面情绪就耿耿于怀很久。

如果你同时满足这三点，那你才是真的情绪稳定。

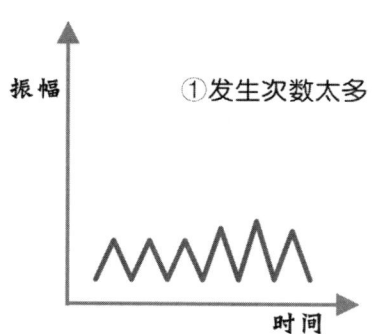

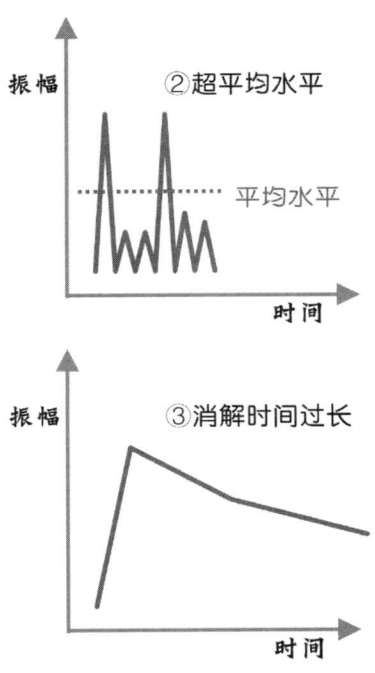

另外，很多人都存在一个特别大的误区，认为情绪要靠压制，靠努力控制，认为愤怒的时候不该愤怒，难过的时候不该难过，这才叫情绪管理。他们想要战胜情绪，甚至将负面情绪彻底消除，这是不对的。这里我想请你记住最关键的一点，情绪管理的目的不是把自己憋出内伤，不是让自己独自承受折磨和痛苦，情绪管理的本质是，不让情绪影响我们的判断，做出让我们后悔的行为。你应该是情绪的主人，而不是情绪的奴隶。

还有一个很多都存在的误区，就是"负面情绪是敌人"，我们要像打地鼠一样，看到负面情绪，就尽快消灭它。情绪是大脑正常运行的产物，不管是好情绪还是坏情绪，都是特别正常的。情绪不过是大脑给你的一个警示信号，用来保护你的身体安全和心理健康。就像我们之前讲过的，情绪是基因里留给我们，帮我们在大自然里生存的法宝。所以，真正让你难受的不是负面情绪本身，而是你对事件的解读。

最后，再次强调，情绪管理的目的不是消灭情绪、逃避问题，而是让我们的所作所为都能过脑子，从而避免做出让我们后悔的事。

第二节　你的恐惧从何而来

这一节，傻白将会带你了解恐惧的形成原理以及一些非常典型的恐惧情绪，比如社交恐惧、亲密关系恐惧、死亡恐惧等，并且也会介绍一些非常行之有效的可以帮你走出恐惧、克服恐惧的好方法。我们之所以把恐惧放到前面来讲，就是因为恐惧是很多负面情绪的源头。如果你有办法克服它，也就更容易克服其他负面情绪。

恐惧是人类的基本情绪之一，很多负面情绪都跟恐惧挂点钩。比如焦虑，它就是由我们对未来的恐惧而产生的；再比如紧张，它是由我们对于未知的恐惧而产生的。恐惧来自大脑里的杏仁核区域，它被称为恐惧中心。当你认定的威胁出现的时候，杏仁核就会被激活，产生恐惧情绪，帮你识别出危险。

第一章

情绪力 : 情绪决定成败

杏仁核的发现是个偶然。20 世纪 30 年代，美国芝加哥大学的神经科学家克鲁尔（H. Klüver）和布西（P. Bucy）在研究致幻剂麦司卡林（mescaline）的功能时，用手术切除了一只猕猴的双侧杏仁核后，发现猕猴的行为习惯竟然发生了改变。以前它所害怕的蛇，现在莫名其妙地变成了好吃的，它抓起蛇来就要往嘴里送。同时，这只猕猴也不再害怕人类，对以前欺负过自己的强壮同类，也会毫无畏惧地迎上去。它似乎再也感觉不到危险的临近，对什么都不再害怕。克鲁尔和布西用了一个新词来描述这种现象：恐惧缺失。

如果杏仁核失灵了，会出现什么问题？美国有一位名叫小美的女士患有一种罕见的基因疾病——乌 - 威氏病（Urbach-Wiethe），她的双侧杏仁核由于病变萎缩，最终双侧杏仁核完全消失。研究人员想尽一切办法想"吓一吓"小美，看看她到底会不会害怕。他们把小美带到专门出售蝎子、毒虫、蛇等动物的宠物店，没想到小美一进去就跟这些奇珍异兽打成了一片，就在小美玩儿得忘乎所以准备徒手抓毒蛇的时候，被研究人员及时制止。后来研究人员又先后带小美去了美国著名的鬼屋——韦弗利山疗养院，而后又看了 10 部史上最吓人的恐怖电影，结果小美全程表现得异常淡定，完全没有任何反应。自此也就证明了，恐惧这种情绪确实是跟杏仁核紧密相连的。

一、 恐惧是祖先的馈赠

恐惧是动物的本能。恐惧感是由我们祖先代代相传遗留下来的一

允 许 自 己 做 自 己

种保护机制，本质是为了我们人类可以一直延续下去而设定的。比如巨物恐惧症是因为害怕遭受巨大的物体的伤害；昆虫恐惧症是因为害怕某些昆虫的叮咬；恐蛇恐惧症是因为很多蛇都有剧毒，而且攻击性很强；恐高是因为害怕从高处摔下去；恐水是因为害怕自己在水里淹死。这些大大小小的恐惧症都是人类出于对自己生命的担忧所产生的一种很正常的本能反应机制。

当然，并不是所有的恐惧都是代代相传的保护机制。密集恐惧症（又称密集物体恐惧综合征）是现代人非常常见的一种病，据说全世界有 15% 的人都有密集恐惧症。跟其他恐惧的原因不同，重复且密集排列的东西并不能对我们的生命造成什么威胁。那为什么人还是会害怕？对此科学家一直没能给出较为严谨的论述。目前比较主流的一种说法是，密集的东西很容易让人联想到一些会对我们生命造成威胁的动植物，比如花豹和蛇身上的纹路、某些有毒的植物等。说到底，这还是一种对于外界威胁的本能反应。

还有一些恐惧是后天形成的，比如在西方世界里有一种很特殊的小丑恐惧症，你也许在很多影视作品里都见到过。这是一种真实存在的恐惧，但这显然跟我们人类的基因或者本能无关，因为在我们祖先的那个年代根本就不存在小丑这个东西。真正让人恐惧的原因，应该归咎于影视作品里对于小丑的恐怖描述，比如斯蒂芬·金笔下的小丑；或者是美国历史上轰动一时的"小丑杀手"——约翰·韦恩·盖西（John Wayne Gacy），他曾经连续残忍杀害了 33 名男孩。至今很多美国人脑子里对小丑挥之不去的不良印象都来源于他。

二、你要知道恐惧的源头

恐惧并不是无缘无故形成的，只有你知道了它的源头和成因，才能对症下药，真正战胜恐惧。比如很常见的幽闭恐惧症——一般由于一个人童年时期有过被关禁闭，被狭小的空间困住等经历，就会不由自主地把狭小的空间跟一些童年的负面经历联系起来，从而产生恐惧情绪。实际上，狭小的空间并不会对人的生命安全造成什么威胁。

1920年，美国著名的行为心理学家约翰·华生（John Broadus Watson）在医院选中了一名9个月大的婴儿——阿尔伯特。他以每天1美元的奖励说服了婴儿的母亲用她的宝宝来做个科学研究，然而他并没有告诉这位母亲实验的具体内容是什么。接下来，臭名昭著的"华生实验"开始了。起初华生先送给阿尔伯特一些东西，比如小白鼠、小白兔、小狗、白毛衣、棉花等，此时小婴儿并没有对这些物品表现出任何的恐惧。跟其他孩子一样，阿尔伯特对小白鼠、小白兔充满了好奇和喜爱。过了一段时间后，华生继续让婴儿与小动物玩耍，但每当阿尔伯特刚刚打算触碰小动物时，华生就在他的身后立刻敲响铁棒，发出巨大的噪声。不出意外，孩子被吓得大哭起来。之后，每当婴儿打算接触动物的瞬间，华生都会如法炮制用铁棒让他感到恐惧。这样的疯狂行动持续了整整一周，此时的阿尔伯特已经彻底不愿触摸小动

允 许 自 己 做 自 己

物了。甚至只要把动物放在他眼前，他都会下意识地选择逃避。5天之后，阿尔伯特开始害怕所有带皮毛的东西了，甚至看到毛巾、帽子都会选择主动躲开。再到后来，只要一看到小动物出现，阿尔伯特就会大哭。即便没有声音的刺激，这种恐惧感也没有消失。就这样，实验整整进行了三个月。事后调查发现，即使实验结束了很长时间，阿尔伯特也始终没有从这种恐惧中恢复。

其实很多恐惧的成因都来自幼年时期的某些经历。人在未成年，尤其是童年时期，是各种观念、认知、感受形成的时候，如果这个时候受到了一些负面的刺激，可能会对他今后造成很大的影响。比如童年时期被狗咬伤，长大以后可能会出现恐狗症，有的人即使在远处听见狗叫声都会浑身颤抖；即使是特别可爱的小狗，也不敢近身。

我有个朋友患有恐禽症，不过他并没有在幼年时期被鸟类欺负的经历，只是在他的童年时期，在那个禽流感肆虐的年代，自己亲手养大的母鸡"小黄"被家人以"不卫生"为由处理了。更让人难过的是，小黄还被端上了餐桌，在家人的隐瞒下成了我这个朋友的盘中餐。后来真相大白之后，我这个朋友难过了很多天，一直到今天依然耿耿于怀。很多人认为小孩子的世界很简单，即使再难过的事儿过几天也就好了，可谁知，这件事竟成了我这个朋友一生的阴影。这么多年过去了，他依然不能吃任何跟禽类有关的食物，哪怕是鸡肉味的薯片都不行。

当然还有一些源自幼年的恐惧并不是这么直接。曾经有个母亲带着自己快要成年的孩子去看心理医生，原因是孩子都这么大了，竟然还是怕黑，每天必须开着灯才能安心入睡，没有人知道是为什么。家人也尝试了各种方法，都无功而返，不得已只能求助于专业的心理咨询。结果在咨询师进行了多次深入交流之后，终于发现了病因。原来是孩子的父母在他幼年时期经常吵架。为了做不在孩子面前吵架的模范家长，他们经常在关灯之后吵。他们以为孩子已经睡着了，听不见他们的吵闹声，谁知道这些争吵统统被孩子听到了。小孩的认知水平有限，面对愤怒的父母，面对可能破碎的家庭，他不知道自己能做什么，只能默默忍受，独自在深夜里承受恐慌。偶然间他发现开灯可以缓解自己的焦虑，也许是光亮会让人有一种安全感，总之开灯是幼年时期那个小朋友唯一能主动控制并且有一定成效的事儿。所以这才让他一直养成了开灯睡觉的习惯。

奥地利著名的精神病医师、心理学家，精神分析学派的开山鼻祖西格蒙德·弗洛伊德有个非常著名的精神分析法，虽然这里面有些理念已经过时，并且没有非常严谨的实验支撑和论述逻辑，一直饱受争议，但是它依然可以为现在很多科学无法论证的事儿做出比较合理的解释。弗洛伊德认为：人类心理的发展是由幼时的经历决定的。人类的行为、经历和认知大部分是由非理性的欲望所决定的，这些欲望大多数都是无意识的。很多我们自己都没有意识到的负面情绪其实都来自我们童年的创伤。这些不经意的童年创伤会在后天影响我们的认知和行为。就像我们开头提到的，恐惧都是有原因的，只有找到那个原因，才能帮助我们解决问题。

三、几种典型的恐惧

1. 亲密关系恐惧

很多人都不想进入一段亲密关系的本质原因是，他们觉得亲密关系就是要付出牺牲、做出改变、委曲求全。他们很在乎自己个人的空间和时间，在乎自己的独立性，觉得如果走进了一段关系，他们就不能保持自我和现在的这种生活水平、生活状态了。

我有很多非常优秀的朋友，受过很好的教育，名牌大学毕业、事业有成、才貌双全，年纪轻轻就拥有了很多人梦寐以求的一切，但他们都存在恐恋恐婚的问题。他们习惯独来独往，习惯一个人吃饭、睡觉、看电影，他们没有跟别人分享自己生活的欲望，有些人更是几年都没有在任何社交媒体上更新过自己的动态。多年的独身生活让他们不懂该如何表达自己的爱，甚至连暧昧对象主动投来的热情也会让他们手足无措，想要回避。倒不是说他们多冷漠，多反感跟别人建立情感连接，他们只是害怕受伤，所以不惜一切代价地想要把受伤的可能性扼杀在摇篮里。

除此之外，很多对亲密关系恐惧的人都有很强的不配得感。他们觉得自己不配被人喜欢，不配被人真心以待。所以他们在关系外会用回避、拒绝的方式故意疏离对方，他们担心对方越了解自己就越失望；

在关系里，他们会频繁地试探另一半，想通过这种方式判断对方是否会离开自己。而不管试探的结果如何，他们往往还是会对关系的未来产生悲观的情绪。他们就好像失去了爱的能力一样。所有这些表现，都可以归结为亲密关系恐惧。

每次问到他们为什么不想进入亲密关系的时候，大多数人会给我非常相似的答案。他们认为如果有了伴侣，就意味着现在的生活方式就要有一个彻头彻尾的改变，比如习惯的调整、个人时间变少、更少的隐私、缺少自由，等等。再或者，他们见了非常多失败的案例，不管是家人、朋友，还是同学，之前结婚的，现在不少已经离婚了，自己曾经的感情也有太多次无疾而终了。爱情里有太多的不确定性，正是这些不确定性，给他们带来了深深的恐惧。另外，恋爱的终点是婚姻，谈婚论嫁就不再是两个人的事了，而是两个家庭的组合，将会遇到非常复杂的人际关系问题。结婚之后可能还要面临生娃的问题，还要有更多的妥协和牺牲，想到这儿，他们就会觉得特别头大。

另外，父母的关系可能会为我们如何看待成年后的亲密关系奠定基础。如果孩子看到父母吵架、离异、婚外情，他们有可能会对自己的情感产生疑虑，他们会希望避免出现他们父母那样的情况。还有一种情况是，父母管得太多。很多父母缺乏和孩子之间的界限感，他们会很自然地把孩子当成自己的一部分，他们不会思考自己过度参与孩子的生活会给他们带来什么不良影响，他们只会按照他们认为正确的方式去管教孩子，并且为孩子规划一条自己认定的道路。而很多小孩

允 许 自 己 做 自 己

在这个过程中逐渐会感到自己的人生自己无法做主，成年以后，他们一旦发现自己有进入亲密关系的苗头，就会担心往事重演，害怕自己再次被控制，所以干脆回避感情。

不知道你有没有发现，几乎所有害怕进入亲密关系的人，都会过于夸大亲密关系里的责任、束缚和牺牲，而忽略掉亲密关系对于自我成长的意义。他们觉得一旦进入亲密关系，就代表自己不再是自己了，两个人就完全融合成了"我们"。这其实是个误会。亲密关系确实给人带来了一些限制，但这不意味着你就丧失了自由。相反，从某种意义上来说，你进入了一个全新的领域，你可以体验跟单身时不一样的事物，它拓展了你人生的边界，这才是进入亲密关系最大的意义。

哈佛大学曾有过一堂非常著名的幸福课，从幸福课开始到结束，他们一共跟踪走访了上千人，这个项目历时几十年，项目的主管也一代又一代地交替。每一个接手这个项目的人都是年轻人，到他们离开项目的时候都已经是老人家了。这么宏大的项目就是为了探究生命的意义到底是什么，人怎么才能活得幸福一点。最后，他们得出的一个结论就是，亲密关系是人生最重要的事，没有之一。如果你想成功，你可以有千百种途径，但是如果你想幸福，那亲密关系一定是不可或缺的。

现在很多媒体都会着重宣扬亲密关系带给人的负面影响，于是我们随处可见断崖式分手、婚内出轨和家暴等事件。这些新闻更能激发大众的情绪，产生情感共鸣，吸引眼球进而带来更多流量。但事实上，绝大多数人还是很享受这种亲密关系，并且在此之中互相扶持，快速成长的，那些极端事件只是少数。

我的一个女性朋友崔西，曾经非常自卑、社恐。她工作平平、长相平平，家境、学历、情商各方面也都非常普通。几乎所有人对她的一致评价都是，"这是一个很乖、很文静的孩子"，从来没有人夸过她身上的亮点。然而，一切都在她遇到现在的男朋友后发生了改变。她的男友是一个非常积极、阳光的人，在女孩儿眼里，男生比自己优秀太多了。她骨子里的这份自卑，让她一直回避男生，拒绝了这个男生很多次的追求。崔西觉得自己配不上他，跟他在一起不会有结果。但是，在男生的轮番轰炸之下，崔西被他的执着打动了，最后鼓起勇气进入了这段亲密关系。令人惊讶的是，在崔西进入这段关系短短几个月之后，她简直就像变了一个人一样。她开始变得乐观、自信，并开始投身于自己的兴趣当中。她学会了做饭，而且她的手艺简直可以媲美国宴大厨，连朋友串门的次数都增多了，甚至很多朋友都愿意花钱求她去自己家做饭。她也成了朋友口中的"美女厨神"。得益于这些正面反馈，她也变得越来越开朗、积极了。这些积极的改变正是亲密关系带给她的正向影响。这段关系带她走出了自卑和社恐，帮助她找到了热爱的事，甚至改变了她的性格。如你所见，这正是亲密关系对一个人的好的影响，它可以让我们挖掘自己的潜能，成为更好的自己。有人说恋爱是一所学校，它可以教你一切在学校和社会上学不到的东西，这话一点儿也不假。

允 许 自 己 做 自 己

亲密关系除了能让你变好、变成熟之外，还有一个非常重大的意义，那就是它会给人提供安全感。这是很多过来人的经验。人是无比需要安全感的，不管你的内心有多么强大，你在职场有多么风光，你有多独立多自我，有一件事不可否认，那就是，每当一个人回到家，看到空荡的房间、冰冷的沙发，内心或多或少还是会泛起一些空虚感。这可能也是恋爱前后最大的不同，你会发现，不管你在外面混得有多糟糕，你知道家里永远会有一个人等着你回家，给你备上热腾腾的汤、香喷喷的饭，想到这里心里就会觉得异常的踏实。这份安全感，不论对你的心理健康还是身体健康都至关重要。这个世界每天都有很多的无常，假如霉运真的从天而降，个体是非常脆弱的，可能瞬间就会崩溃。此时，亲密关系就是非常强有力的、足以抵抗这种脆弱的系统。好的亲密关系，可以抵御大风大浪。

如果你对亲密关系感到恐惧，不敢尝试，不愿进入亲密关系，一定要牢记以下两个要点。

·明确你的需求。你需要明白，你的理想伴侣需要有哪些特质。在茫茫人海中找一个跟自己合适的伴侣真的很难，如果没有目标地"乱碰"，大概率会碰到错的人，导致你的自信心受挫，你会更害怕亲密关系。对于绝大多数亲密关系恐惧的人来说，你的伴侣起码应该是充分了解你的性格和情绪的，他知道什么时候应该给你空间，什么时候给你安全感。这些对于一段关系的成败是非常关键的。

第一章
情绪力：情绪决定成败

·请你大方说出感受。恐惧亲密关系的人习惯于隐藏自己的感受和情绪，以至于外界根本无法猜到你此时此刻在想什么。而很多东西如果你不说出来，是很难被了解的。你的这些感受和情绪很多时候都是非理智的、不合理的。这时候就需要我们通过表达的方式，告诉别人，来帮助自己做一次情绪的梳理和纠错。每一次纠错都意味着恐惧离你越来越远。

我发现很多对亲密关系恐惧、排斥、厌烦的人，很大程度上都受到了父母或者老一辈人的影响。如果你的父母关系很差，经常吵架，你从童年开始就会萌生那种对亲密关系的抵触感。事实证明，有着这类原生家庭，或者经常耳濡目染这种情况的朋友，他们的潜意识里都或多或少地被植入了某种对于亲密关系的错误观念。

但是我想对你说：你和他们不一样。父母那个年代，不论是物质条件、受教育的程度，还是对于感情的认知，都是远远不如我们现在的。他们那时候既没有看过亲密关系方面的书，也没有听过情感讲座、学过心理学研究，他们唯一知道的就是我要跟眼前这个人过一辈子。而当对方不能满足自己期待的时候，那种沮丧、生活的压力、对未来的焦虑就会一股脑地涌上心头，所以才会有频繁的争吵。而今天，我们的选择很多。在当下的亲密关系里，我们更看重价值。当我们能在一段情感中收获幸福，不断成长，那就是非常美好的。反之，我们可以随时好聚好散，永远都有选择。

允许自己做自己

2. 社交恐惧

你在生活中是不是会有这种情况，害怕自己成为人群的焦点？担心自己出丑难堪？总想着迎合别人的情绪，没办法做自己？只想跟熟人在一起待着，害怕跟陌生人互动，即使是跟自己只见一面且毫无关系的推销员、服务员，也不例外；自己的手机常年静音，担心自己的手机铃声打扰别人；跟人交流的时候讨厌打电话，不喜欢发语音，只愿意打字；一旦尴尬，恐惧感来了，会出现脸红、出汗、声音颤抖的状况。

根据以上这些情况你所占的比重，就可推断出你究竟是较轻程度的社交尴尬，还是比较严重需要改善的社交恐惧了。无论是社交尴尬，还是社交恐惧，基本源于以下四个方面的问题：

·聚光灯幻觉。不管走到哪儿，总觉得全世界都静止下来关注自己，有一种被聚光灯跟随的感觉。

·自我怀疑。社交尴尬的人多多少少都会有点儿自我怀疑，觉得自己这儿不行那儿不行，质疑自己的容貌、形态、声音和说话的内容。

·完美主义。有些人特别喜欢让别人看到完美的自己，容貌要完美，说话要完美，做事也要完美，期待别人也觉得自己是完美的，需要不断地打探自己在对方心中的看法。所以有时候我们说，社恐其实并不是在害怕别人，而是在恐惧真实的自己，害怕别人因为看到不完美的自己而失望。

·高敏感性。对方一个眼神，你就觉得他不喜欢你；朋友稍微跟别人聊了一会儿天，你就觉得自己做错了什么，觉得自己受了冷落。

很多人都错误地认为社交恐惧是天生的，是刻在基因里的，于是就觉得自己就这样了，不可能改善了，这是大错特错的。人的本能是怕黑、怕冷、怕疼、怕饿，但绝对不是怕人。怕人这事儿，是后天习得的。怎么习得的？通过原始情绪的记忆积累。这些记忆大概率来自原生家庭，当然也可能是童年期间学校的教育和社会反馈。

这些原始记忆里有三种刺激通常会导致社恐的出现，最严重的是情绪否认。比如你正哭着，你的父母就责备你"别烦了，没看我忙着吗"，或者干脆就置之不理，你的情绪被否认掉了。其次是社交拒绝，比如你想要跟谁一起玩儿，想跟谁组成一个学习小组，想加入一个小团体，想融入一个环境，但是都被无情拒绝了；最后是认同缺乏，可能是你的父母，也可能是你的老师没有在你童年期间给你足够的认同，经常要你学别人家的孩子，不断地否认你的进步。这三种早期的刺激是导致你今天社交尴尬、社交恐惧的罪魁祸首。

对于社交尴尬的人来说，其实你并不需要做什么大调整。如果一定要改善，以下四个小技巧，你可以实践一下。

①聚焦别人。当你被聚光灯幻觉困扰，觉得自己特别焦虑，无所适从的时候（就比如你参加一个饭局，没人跟你说话的时候），不妨把你的注意力集中到另外一个人身上，对他的言谈举止进行沉浸式

允 许 自 己 做 自 己

观察，这招会有效地缓解你的焦虑和恐惧情绪。

②顺理成章。每当你说话的时候觉得尴尬了，如果补上一句"真尴尬啊""我怎么这么傻啊"，往往就会好很多。当你做了尴尬的动作，如果笑一笑，然后顺理成章地把它做完，不仅可以有效缓解尴尬，而且还能让别人莫名觉得你很幽默有趣。就比如有一次我夜里逛超市，眼看四下无人，我伴随着超市喇叭里的音乐开始扭动。这个时候突然远处来了一个小女孩，略显诧异地看着我。我瞬间石化，感觉自己的脸都快烧着了。正常情况下，我可能直接灰头土脸地走开了，但是那天我刚好想尝试点儿不一样的，于是我硬着头皮继续自顾自地跳完了刚才那段舞。对面女生的诧异也瞬间消散了，开心地看着我跳了一会儿才离开。从那以后，我像是发现了宝藏，每次一遇到尴尬的场合，做出了尴尬的行为，都会把它大方地说出来。

③坚定自我。很多社交恐惧的朋友都存在一个问题，那就是太在乎对方怎么想，而忽略了自己。确实，身为一个表达者，你要考虑到听众的感受，但是过度地、无端地猜测对方的想法，担心对方不喜欢自己，真的没有必要。你要时时刻刻给自己心理暗示，"别人喜不喜欢我关我什么事，我做好自己就行"，以此来排除胡思乱想对自己的干扰。

④就事论事。很多社恐的朋友还有一个通病，那就是喜欢以一次成败来给自己下定义。就比如 "一次被拒绝"就轻易断定自己不适合与人交流，以后再也不主动了；"一次当众出丑"就断定自己不适

合公开演讲，以后类似的机会都会逃避。你要明白，一次偶然事件并不能决定你是什么样的人，可能是你运气不好，可能是你内容不行，可能是你准备得不充分，这些都跟你是什么人没有关系。

当然还有一些小技巧，比如假装看手机，不断喝水，捏紧拳头再松开，这些都是可以在一瞬间缓解社交焦虑的好方法。

对于那些社交恐惧程度比较深的朋友，一定要积极采取行动。这里我强烈推荐一个非常棒的社交实操方法，叫作系统脱敏法，也被称为渐进式暴露疗法。这个方法最早是由南非的心理学大师约瑟夫·沃尔普提出来的，它已经被无数次实践证明有效。方法很简单：

第一步，建立一个社交恐惧表，把让自己社交恐惧的事儿，按照恐惧程度，从低到高列出来，并打分量化。比如，跟超市收银员说话，恐惧值2；向陌生人问路，恐惧值4；跟陌生人借手机，恐惧值6；参加party跟陌生人搭讪，恐惧值7；跟陌生人吃饭，恐惧值8；当着陌生人的面唱歌，恐惧值9；公众演讲，恐惧值10。这个列表越详细越好，最好列出所有让你感到社恐的事儿。

第二步，按照这张列表上的事情，由易到难，每周像做任务一样不断地尝试。比如可以先试试跟收银员对话，如果直接打交道对你来说有点儿难，也可以通过打电话的方式作为开始。不断地接触，直到你完全麻木了，感觉就跟老朋友说话一样淡定从容，再尝试下一个。这样做一段时间后，你的社交恐惧会慢慢缓解。

对于社恐，其实最好的方法就是多练、多接触人。就像我们前面

允 许 自 己 做 自 己

说过的，绝大多数社恐都是由不自信和高敏感造成的。通过多多磨炼，我们与人接触的技法会更纯熟，我们的内心也会钝化不少，慢慢地就不会那么难受了。另外，针对那些害怕被拒绝的朋友，推荐给你一个对我影响特别大的 TED 演讲——我从 100 天的拒绝体验中学到了什么。演讲者名叫蒋佳，里面详细讲述了他是怎么通过反复尝试各种尴尬、让自己不舒服和害怕的事儿，最终在 100 天之内让自己脱胎换骨，变成一个无所畏惧的人的故事。这可能是我看过的有关于克服恐惧最励志的演讲了。

当然，即使做出了以上这些尝试之后，也不意味着你就能彻底爱上社交生活。也许比起觥筹交错，你还是偏爱一个人独处的时光。你可能还是对很多事儿很敏感，朋友随便一句话就能让你耿耿于怀好几天。不过不要紧，这是你的性格，没必要强求。但是此时的你无比笃定，因为你已经突破了自己的舒适圈，那些过去想都不敢想的社交活动现在对你来说，也可以轻松掌控。在我看来，你不需要强迫自己非要做一个"社交猛兽"，晚会舞台的 C 位也不是非上不可。享受一个人清净，有能力进行必要的社交，其余时间留给三五知己好友，足矣。

3. 冲突恐惧

我有很多朋友，包括曾经的自己在内，都有所谓的冲突恐惧症。每次想要拒绝别人、反驳别人的时候，都要经历漫长且艰辛的内心挣扎大戏，而大戏的收场往往就是妥协和牺牲。这种看似大大咧咧、对什么都无所谓的心态，不管是对自己，还是对别人都是非常有害的。比如每次朋友借钱都不好意思拒绝，每次谈恋爱明明不喜欢对方就是不好意思拒绝，明明不爱了却始终不提分手，最终耽误了自己也伤害了对方。在职场上，这种害怕冲突、害怕拒绝的人也非常容易被人拿捏，你会轻易变成廉价的干活机器，成为别人的利用工具。在生活中，害怕冲突的人，看似用一次次自我利益的牺牲换来了好人缘和好情绪，却在不知不觉之中引来了大批的"吸血鬼"。他们会心安理得地认为你很容易利用，在你身上能轻松捞到好处，从而一次又一次地挑战你的底线。

害怕冲突的人一般都有三种很典型的表现：

第一，不敢表达。他们觉得自己表达能力差，冲突发生时说不过别人。长期的不敢表达，不愿引发冲突的心理，让他们进入了一种思维误区，他们会很自然地认定自己天生不擅长表达，不擅长处理冲突，即便真的发生了矛盾，也无法通过良性沟通来成功解决问题。

第二，杞人忧天。他们极度害怕尴尬，跟我们前面提到的聚光灯幻觉有点儿相似，总觉得周围的人都在注视着自己的一言一行，并且内心敏感脆弱，很在乎别人对自己的看法，也会频繁地认定周围的人对自己持有负面评价。

第三，也是最常见的，习惯讨好。他们试图利用讨好别人的方式来获得认同感，避免冲突的发生。表面上，习惯讨好的人希望被别人公平以待，实际上他们在内心深处觉得，自己和对方是不平等的。著

允 许 自 己 做 自 己

名的心理治疗师维吉尼亚·萨提亚在她的家庭治疗理论中就写道："当我们感到自己的生存受到威胁时，讨好是主要的应对方式。我们认为自己毫无价值，把自我的权利拱手让人，丝毫不敢反驳他人的意见。"

为什么我们会有以上这些表现，如此害怕冲突和矛盾呢？先说成因。简单一句话概括，因为你在很小的时候丧失了表达观点和相反意见的权利。比如你的父母、老师或朋友很强势，让你不敢发表自己的意见。

一个人如果小时候活得小心翼翼，活在父母、老师、朋友的强势之下，时刻都要竭尽全力地避免冲突，一旦形成这种行为模式，那么长大以后大概率会以相同的模式对待别人。童年的我们认定自己"没有选择"，所以内心无比惶恐，没有安全感。而这种恐慌进了你的潜意识，以至于长大以后，面对可能发生的冲突，你也会条件反射一样地觉得"自己没有选择权"。这就好比那些从小养在动物园的狮子老虎一样，长期的驯化已经让它们不再相信自己是丛林之王，不再认可自己战斗的本能了，以至于就算某天放归大自然，它们也有可能懦弱得像一只小狗。

你之所以害怕冲突是因为你的潜意识在作祟，它在时时刻刻提醒你，"你没有选择"。要想摆脱这种恐惧，你需要调整的不是性格，而是习惯，是那种对于冲突的条件反射。你需要做的是，通过大量的刻意练习去改变这种反射模式。调整的方法也很简单，就是主动面对冲突。从冲突成本较低、冲突程度较轻的场景开始。就比如面对理发店推销充值卡的大哥，你就明明白白告诉他："谢谢您的推荐，但是我没有钱。"把这套句式刻在脑子里，对于相对有礼貌的人，就用这套"感谢推荐，但是我不要"的句式拒绝他。对于不礼貌的，或者想要利用你、占你便宜的人，选择直接拒绝，不要留情面。面对所有的可能带来冲突的场景，请记住这12字箴言："抗住胆怯、捍卫底线、表达诉求。"

在训练的过程中，如果你感受到了强烈的负面情绪怎么办？你可以用正念观察法去观察你的负面情绪。具体方法和训练方式我们在后面"冥想"的章节里会详细介绍，这里只是粗略提一下。当负面情绪汹涌来袭的时候，你可以在脑子里试着将这种负面情绪进行命名，比如命名为"愤怒""恐慌""尴尬""难过"等，越具体越好，然后试着把这些情绪想象成一个个实实在在的物体，比如小船，纸盒，汽车，水流等，然后尝试观察这些物体的出现和离开，就像你的情绪一样，喷薄而出，逐渐消散。一旦当你开始观察情绪的时候，你的情绪也就很快消失了。

前面说了这么多，请不要忽略一个客观事实——你的条件反射已经伴随你很多年了，即使今天你彻底明白了这些原理和方法，也不可能做到很快就转变。你的练习数量需要跟你向冲突妥协的时长匹配，理论上，你的年纪越大，你需要练习的时间就越长。我们过去总说，你要拥有被讨厌的勇气，要做到课题分离。但是光有这些认知是不够的，要想运用自如，就必须通过大量的练习，用新经验替代旧经验，养成习惯才行。改变从来不是一朝一夕就能完成的，但是你每努力一天，都是朝着更好的自己迈出了一步。

第三节　冲破焦虑的迷雾

焦虑是如今我们这个时代的热门词汇。在容貌、身材、金钱、学业、事业、婚姻等方面的攀比，在社交媒体上随处可见的炫耀，这一切让我们很多人一天到晚活在焦虑的情绪里。这一节，我们来探讨一下焦虑的成因、焦虑的种种表现以及相应的解决办法。

一、医学解释下的焦虑成因

除了我们之前提过的杏仁核之外，焦虑还有可能跟人脑的"焦虑细胞"和血清素匮乏有关。先说"焦虑细胞"。纽约哥伦比亚大学医学中心 CUIMC 团队和加利福尼亚大学旧金山分校的联合研究报告指出，海马体腹侧部分的特定细胞在实验小鼠暴露在危险环境时，会非常活跃。小鼠越焦虑，这些细胞的活性就越强。海马体还会向其他大脑区域发送信息，比如杏仁核和下丘脑，这两个区域被证明过可以控制跟焦虑相关的行为。

再说血清素，它又被称为快乐因子，英文名：5-hydroxytryptamine，简称 5-HT，它是一种脑细胞用来相互交流的化学物质，在积极情绪的调节中起着至关重要的作用。我们的情绪、睡眠、记忆或多或少都跟血清素相关。更有权威医学研究提到，血清素含量低会导致抑郁和焦虑。而很多比较知名的处方抗抑郁药物，比如百忧解 (Prozac) 和佐洛复 (Zoloft)，都是通过提升血清素的含量来改善病症的。那为什么有些人会缺乏血清素呢？美国哈佛医学院研究员戴茨博士在他 2013 年出版的《为什么我的大脑不工作了》一书中就提到，某些抑制类药物的摄取、营养不良、生活压力大、不健康的生活习惯、酒精咖啡、缺少阳光等都可能导致血清素缺乏。

之所以讲这些底层原理，就是想告诉你，很多时候我们以为的那些复杂的焦虑成因其实并不复杂。首先，焦虑是我们身体里与生俱来的东西，与其费尽心思消灭它，不如接受现实。就像某些细菌和病毒一直潜伏于人体中一样，我们不应该彻底消灭病毒，而应尽可能地避免它们对我们的日常生活造成太大的影响。

二、认知和行为问题导致的焦虑

1. 搞清楚你之所以焦虑的具体原因

焦虑是一种特别笼统的感受，背后可能隐藏着无数种具体的情绪，比如紧张——上台演讲之前紧张，所以觉得很焦虑；比如着急——上班要迟到了，但是车还没来，很焦虑；比如难过——考试考砸了、失恋了、被裁员、被降薪，也会很焦虑；再比如不甘——为什么网络上有人年薪百万，自己月薪只有 3000 元，对比之下，感到很焦虑。因此，只有冷静分析焦虑的原因之后，才能知道具体引起我们焦虑的情绪是什么。一旦你搞清楚现在正在被哪种情绪困扰，你也就迈出了缓解焦虑的第一步。知道问题是什么，我们才能解决问题。

2. 缺乏行动

你是不是经常等着工作堆积成山了才去做？你是不是功课落下两个月了，才开始奋力追赶？很多时候，焦虑是因为我们缺乏行动。当你明确知道自己被什么事情困扰之后，你还需要采取行动。如果你担心考试会考砸，那就做好充分的准备；如果你担心自己的工作不稳定，随时可能丢饭碗，那就花时间多提升自己的能力；如果你焦虑钱挣得太少，那就把业余时间利用起来，尽一切可能去琢磨怎么挣钱。焦虑的克星，是行动。有时候，你的焦虑完全是自找的。但凡你主动一点，焦虑也许就消失了。

3. 认知偏差

当然更多的时候，焦虑还是源于我们丧失了理性思考。为什么人们总是喜欢用"爆发""崩溃"这些词语来形容情绪？就是因为它往往来得很快，我们没有经过理性分析就已经上头了。这里我们介绍一个心理学上很经典的 ABC 理论。

这套理论最早是由美国临床心理学家艾利斯在 20 世纪 50 年代创

立合理情绪疗法时提出来的。他认为，挫折是否引起人的情绪恶化，不在于挫折本身，而在于人对挫折的认知是否合理。其中，A（Activating Event）指诱发性事物，即刺激；B（Beliefs）指人们对挫折产生的认识和信念，即对这一事件的知觉、认识和评价；C（Consequences）指在特定情境下，个体的情绪反应及行为的结果。通常人们认为 A 会直接引起 C，就比如另一半没有回信息，导致自己很失落和生气（结果）。但是 ABC 理论指出，诱发性事件 A 只是引起情绪反应的间接原因，人们对诱发事件所持的信念、看法、解释，才是引起人们的情绪及行为反应的更直接原因。按照艾利斯的观点，人既是理性的，也是感性的。人的大部分情绪困扰和心理问题都来自不合理的逻辑或思考，即不合理信念，这种不合理信念会导致不适当、不适度的挫折反应。减少不合理信念，则大部分的困扰和问题可能减少或排除。也就是说，要想改变 C，要想让我们的情绪好一点，只有改变 B，也就是转变我们的信念系统，因为我们没办法改变 A，我们对已经发生的客观事实无能为力。而转变观念最重要的一步，就是多问自己几个问题，强迫自己回归理性思考。

比如，很多家长一看见自家孩子打游戏、看电视就生气，就焦虑，为什么呢？因为他们觉得孩子打游戏会耽误学习，考不上理想的学校，进而找不到好工作，这样他一辈子就毁了。但是，当你冷静下来想想，就会发现这是典型的滑坡谬误。你把一连串的微小可能性，当成了必然。比如，孩子打游戏跟学习不好没有必然联系；学习不好跟找不到好工作，乃至人生失败也没有必然的因果联系。你非常主观的判断，是你焦虑的源头。

滑坡谬误（Slippery slope）是一种很多人都会陷入的逻辑误区。人们会使用一连串的因果推论，夸大每个环节的因果强度，而得到不合理的结论。滑坡谬误的典型形式为"如果发生 A1，接着就会发生 A2，接着就会发生 A3，最终就会发生 An"。从 A1 推论至 An 的过程就像一个滑坡。事实上，现实不一定会照着线性推论发生，也有其他的可能性。

所以，在事件发生、做出判断之前，如果你要是能停下来，冷静地问自己几个简单的问题，比如，我预想的结果真的会发生吗？如果发生了，结果一定会那么糟吗？我还有别的选择吗？这些问题可以有效地把你的思路拉回来，你的焦虑也会因此得到缓解。而这些问题的答案，就是你的终极行动指南。而一旦你行动起来，焦虑往往就不见了。

4. 欲望与能力的不匹配

焦虑的另一大成因，是我们每个人欲望和能力的不匹配。卢梭在《爱弥儿》里写道："我们的痛苦正是产生于我们的愿望和能力的不相称。"很多痛苦，本质上都是对自己无能的愤怒。你的欲望太大，但是你的能力太小。有些朋友非常明白自己焦虑的点在哪里，因为看到社交媒体上浮夸的炫富视频心生羡慕，但是再看看自己干瘪的钱包，所以焦虑；有人因为看到自己日益苍老的容颜，但是又没有办法改变什么，所以焦虑；还有的人，面对父母的催婚，面对七大姑八大姨不友好的评价，看见同龄人早早地结婚生娃而自己孤家寡人，没有信心脱单，更没有信心步入婚姻，所以焦虑。这些焦虑其实本质都是对自己无能为力的愤怒。那面对这些无能为力，我们究竟有什么能做的呢？给你提供两个方向。

方向一，缩减欲望。比如，远离焦虑源，尽量跟那些引发我们焦虑感的人和事儿保持距离；少做比较，适当的比较可以帮助我们找到差距，激发动力。而过度的比较，或者跟错误的对象比较就有可能扰乱我们的内心秩序，让自己方寸大乱。如果一定要比，就跟过去的自己比吧。

方向二，增强能力。比如，尝试一切可能性。有时候当你因为自己无能为力而焦虑的时候，你应该问自己一句话，那就是"我真的做了我能做的一切了吗"。如果还没有，那比起焦虑，你是不是更应该先去做完所有的尝试？就比如我刚毕业那会儿，眼看周围的同学一个个拿到了大厂或者名校的offer，而自己不断地收到各种公司的拒绝信，那段时间真是焦虑到了极点。但是冷静之后，我发现其实我还能做很多。之前投简历、找面试几乎都是网上海投，好像从来没有找过熟人推荐。后来我鼓起勇气给一个教过我的教授写了封邮件，希望他帮我做一下推荐。结果就是这一封不抱太多期望的邮件，帮我找到了我人生第一份工作。所以很多时候你认为的山穷水尽，可能在你多走一步之后，就是柳暗花明了。

三、 一些典型的焦虑

1. 金钱焦虑

经常会有朋友把一切烦心事儿都归因于"没钱"，比如没有考上好的学校，单身，不快乐，找不到人生意义，都是因为没钱。似乎钱是万能解药，所有的事儿都绕不开钱。所有这些关于没钱的牢骚背后，是充斥在当下这个时代里最大的痛点——金钱焦虑。相比于心理学意义上的其他焦虑，它的成因似乎更加清晰，那就是收支不平衡所造成的财务问题。但是如果细想起来，我们不难发现，财务问题其实只是金钱焦虑的表面现象，或者可以说是借口。焦虑的根源在于我们内心的感受。钱不够花是一种感受，由这种感受带来的压力和窘迫最终演变成了焦虑情绪，左右我们的心理状态。所以说到底，金钱焦虑是个体感受，并非金钱本身会导致焦虑。

我并不认为焦虑跟金钱有什么必然联系。就拿我来说，上大学的时候虽然每个月只有 1000 多元的生活费，但是我活得无比快乐，从来没有因为囊中羞涩而产生焦虑情绪。后来开始工作，工资也从一开始的月入几千，到后来的过万，过十万，过百万，虽然工资一直在涨，但我总是不满足，我还是会焦虑自己挣得不够多，担心随时可能丢掉工作，担心未来可能亏本的投资。论收入，我可能远超国内的平均水平，但是我依然会感到焦虑。

我认为财富焦虑的底层原因无外乎两个，第一个是收入比例有问题，也就是被动收入在总收入里占比低。为什么有的人年薪百万还非常焦虑，而有些人手里攥着两套没有贷款的房子，就能高枕无忧？因为年薪百万的人要还贷款，会担心自己某一天被辞退，而手里有两套房子的人，哪怕一个月只挣 3000 元，房子的租金也足够他每个月的生活。

第二个是欲望太大。很多人都想实现财富自由，到底有多少钱才算财富自由，每个人都有自己的定义，在我看来，只要你的欲望比你的收入低一分钱就行。欲望来自比较——跟同龄人比较，跟周围的人比较，很多本来不是你需要的东西，不在你能力范围内的东西，现在就成了你深深的烦恼。还有的人把金钱视作社会地位的唯一衡量标准，以财富的多少、挣钱能力的高下去评判别人，也认为别人都是以这样的标准来衡量自己，认为没有钱就等同于没有安全感，没有自尊。

对于那些深陷金钱焦虑的朋友，分享几个有效的方法帮助你缓解焦虑。

第一，守财节流。对于绝大多数人来说，你当下所挣的钱已经是你此时能力的上限了，在你的认知、能力、资源没有提升的情况下，你的财富增量是有限的。相比于这件不可控的事情，你的欲望是可控的。尽量把自己的欲望控制在能力范围内，每个月多存下一些钱，这些钱会让你心里更有底气，会极大提升你的安全感。

第二，职业调整。对于大多数普通人来说，真要想实现财富目标，通常就是投资和做副业，这两个方向我比较推荐做副业。为什么不推荐投资？首先，投资需要大量的知识经验积累；其次，投资的不确定性会消耗你的情绪和精力，进一步加剧你的焦虑情绪。而副业一般不需要太多成本投入，做好了可以取代主业，直接成为创业项目，做不好，起码还有主业兜底。

第三，认知调整。金钱焦虑并不能仅仅通过挣钱来解决，在我看来更多的是注意力的问题。当你的注意力整天都集中在挣钱这件事上时，肯定会很焦虑。最好的方法，就是调整你的注意力，放到工作以外的事情上，比如健身、跑步、绘画等。当你在做这些事情的时候，你就不会把注意力放到物质的比较上，而更多的是关注自己生活质量的提升。圈子简单了，你的焦虑也就少了。

这个世界上没有任何一份工作，叫作"搞钱"。"搞钱"只是结果，是你为别人提供价值之后得到的相应回报。你的关注点如果一直都在钱上，你就会变得急功近利。所以，我希望你能建立起正确的金钱观。钱本身是没有意义的，它只是一种商品交换的中间媒介，只是一种工具而已。如果你一直抱有那种"等我有了钱才会快乐"的想法，那你就真的很难快乐了，搞到了钱，你会有更大的欲望，同时会害怕财富流失。想方设法提升自己，把心思放到你能做的事情上，做出价值，钱自然会滚滚而来。

2. 婚姻焦虑

我经常会收到与婚姻焦虑相关的问题。结婚这件事被当作考试一样，30 岁就像交卷前的最后一分钟，晚交或者不交，似乎就是奇耻大辱，就是给父母丢脸，给家族蒙羞。

我大概在 28 岁以后，每隔一个月，就会跟我妈辩论一次婚姻问题。每次辩论我都会让我妈哑口无言，结果就是，大概每次之后的一个月她都不会搭理我了。

我不能评价每种生活的好与坏，但我想说，大多数人的婚姻焦虑源自和父母观念的冲突。我曾经有幸跟一位非常有名的婚姻专家交流过，这位婚姻专家和她的老伴的婚姻持续了将近 50 年，他们是众人眼中的模范夫妻，彼此恩爱。在交流的过程中，我们无意间聊到了另一半的缺点。老人家给我列举了她先生的两大缺点：一个是情绪管理能力差，另一个是非常大男子主义。当时，我脑子里突然萌生了一个问题，我问她："如果把您先生这样的缺点放到当今这个物质条件非常充裕，大家对婚姻质量高度渴求的时代，您觉得您的婚姻还能维持这么久吗？"老人家思考了好长一段时间，好像也是被突如其来的问题打了个措手不及，然后犹豫地告诉我："那也许就不能了吧。"

老一辈人看起来固若金汤的婚姻，很大程度上有他们那个年代的烙印。在那个物质条件匮乏的年代，婚姻的目的多是双方可以共同抵御风险，在契约的约束下共同抚育新生命的成长。婚姻维系到最后的前提是双方或者是其中的一方有高度的容忍、容错和牺牲精神。而父辈的婚姻观念在我们这一代物质丰富、强调个体、思想高度解放的人群身上是不太可能延续的。父母对子女在婚姻方面的期望，与子女的婚姻态度是有所差异的，而这也正是当下年轻人婚姻焦虑的原因之一。

除此之外，"别人有，我没有"也是婚姻焦虑的原因之一。"人不患寡而患不均"，对比产生焦虑。如果你缺乏自己的主见，事事都要跟别人比，你会非常痛苦。对于婚姻这件事，希望你千万不要着急，保持好自己的节奏，不要被他人左右。在过去，婚姻是成年的第一件事，而现在婚姻是把自己的生活过好之后才去做的事。从我周围的例子来看，很多"为了结婚而结婚""希望可以满足父母的期待""希望通过婚姻逆天改命"的人，他们的婚姻大多数都没有好结果。所以，此时此刻你如果还没有找到非常满意的结婚对象，我希望你可以不要着急，不要将就，多等等也未尝不可。因为当人着急、焦虑的时候，我们往往会选择眼前出现的，而不是自己真正需要的。所以对待感情，请你不要赶时间。

3. 容貌焦虑

现在越来越多的人把注意力放到变美上，加上媒体和资本的过度渲染，容貌焦虑横空出世。2021年中青校媒面向全国2063名高校学生就容貌焦虑话题展开问卷调查，结果显示，59.03%的大学生存在一定程度的容貌焦虑。其中，男生群体（9.09%）中有严重容貌焦虑的人数比例高于女生（3.94%），而女生（59.67%）群体中有中度焦虑的人数比例高于男生（37.14%）。华南师范大学心理学院副教授迟毓凯介绍，心理学研究发现，容貌焦虑呈现一定程度的年龄结构分层，存在容貌焦虑问题的往往是 20 多岁的年轻人。患有容貌焦虑的人通常都有以下几个问题：

第一，患有容貌焦虑的人，通常不只是容貌有问题。每个人都想让自己变得好看一些，但是随着年龄的不断增长，你会发现，长得好不好看，已经不太重要了。皮肉的光鲜不过十余载，中年以后大家都躲不过岁月这把"杀猪刀"，所以为什么非要较真呢？而是否有足够的内涵、能力、情商却成为比外表更重要的事。

第二，容貌焦虑的人，往往是注意力出了问题。年轻时，我们的注意力过多地停留在别人的眼光里，所以会特别在乎自己在别人眼中的样子。但是我们每个人的一天都是 24 小时，把更多的时间放到打扮和吸引异性上，那势必花费在其他事情上的时间就少了。人活一世，时间拉长，这种容貌上的优势可能并不算什么。能否实现自己的价值，可能更重要一些。

第三，很多人之所以会有容貌焦虑，是因为觉得自己没有办法改变现状，但实际是因为懒。事实上，你只要注意饮食，经常健身，作息规律，再用点儿护肤品，那皮肤干净，脸蛋清爽，就绝对不成问题。这个世界上有很多方法可以让自己变得更好看，而你却整天对着镜子里的自己唉声叹气，你说这不是懒又是什么呢？

那些所谓容貌焦虑的人，其实并不是容貌真的有多难看。相反，很多人只是把容貌问题当成自己无法去做成事的借口。面试失利、人缘太差、异性拒绝、爱情失败，这些统统可以被他们归结为"我长得不行", 而真正的问题却永远被埋在最深处。所以, 不要活在别人设定好的条条框框里, 要活出自我。这个世界上可以有成千上万的人讨厌你, 但是你不该讨厌你自己。不管你长成什么样, 这个世界上一定有人喜欢你、欣赏你, 而你的美丽应该只为这些人绽放。

四、告别焦虑

心理咨询师陈海贤在《了不起的我: 自我发展的心理学》一书里第一次提到了关于思维远近的问题。他认为, 焦虑的深层次原因是我们的思维模式是远思维而不是近思维。近思维模式, 会关注真实的、具体的、正在发生的事, 这些事是流动变化的; 而远思维模式会关心那些想象的、抽象的、遥远的事。在近思维模式下, 我们会不断跟现实接触, 让现实改变自己; 而在远思维模式下, 我们只会注重头脑里的规则, 这些规则和道理让你只能看到你想看到的东西, 这是一种拒绝改变的思维模式。远思维模式确实可以帮助我们节省一些信息加工的时间, 让我们面对这个世界有了更多的确定性, 但同时, 它也限制了新事物的摄入, 限制了我们的成长。

如何切换到近思维模式呢? 要做到以下的四多、四少:

1. 多描述, 少评判

很多人特别喜欢轻易评价自己和他人。考砸了一场考试, 就断定自己是个废物; 半天学不会一个技能, 就觉得自己没有天分。对别人也是一样，很轻易地给别人贴标签。所有的这一切，都是评判性思维。评判，就代表我们用头脑中的观点、规律对信息进行了加工，所以会阻碍变化的发生。相反，对一件事，我们常常是在描述而不是在评判，那我们的思维就会流动起来。比如一场考试，你可以说，我考了60分，刚刚及格，里面有很多题，我都不会做。这些是描述。描述完了，下一步你会怎么做？显然是去找原因。为什么不会做？这样你才能提高，才能进步。而不是说，我考试成绩不行，我就永远是差生。

2. 多具体，少抽象

生活中有很多人都在问抽象的问题，做抽象的事，喜欢抽象的人。在我看来，这其实是一种偷懒的行为。抽象的问题，很难得到答案。你不愿意动脑子去把一个宏大的课题切分成小到可回答、可解决的问题，你就会因为它困难而拖延、畏惧、恐慌，最后演变成焦虑。而你需要做的，其实只是把那件事情具象化，具体到不能再具体为止，拆分到不能再拆分为止。这样不管多复杂的问题，很快就能得到解决。

3. 多行动，少计划

经常感到焦虑的人在做一件事情之前，总是会算计半天，他们需要看到一个明确的结果后才会去干。事实是，这个世界上有很多事，你不干，永远不知道有没有结果。剑桥大学的心理健康研究员奥利维亚博士在TED演讲里曾说，很多人对于完美的苛求会让他们陷入犹

豫和焦虑的情绪中。而这个时候最需要的就是抱着 "努力做砸，不
计后果" 的心态去做这件事，这样往往会取得意想不到的效果。想一
下，在你的生活中，你有多少次因为害怕搞砸一件事，因为心中的完
美主义而裹足不前，陷入无限的焦虑之中。如果你能在这些时刻放下
对于完美的执念，先行动起来，那么你的焦虑一定会得到缓解。在你
放下心中的期待，开始行动起来后，你的创造力也会有质的飞跃。

4. 多聚焦，少发散

你是不是喜欢一心多用，喜欢在同一时间段做很多事？但是你可
能不知道，这种在如今看来稀松平常的习惯不仅没有增加你的效率，
反而可能让你陷入恶性循环，并且催生出更多的焦虑情绪。麻省理工
学院神经学家厄尔·米勒指出，我们的大脑不能很好地同时完成多项
任务。当人们认为他们在同时处理多项任务时，他们实际上只是非常
迅速地从一项任务切换到另一项任务。每次他们这样做，都会产生认
知成本。相似的观点也被很多专家和学者论证过。 这也就解释了为
什么有些办公室文员一天看似什么都没做，但就是感觉异常疲惫的现
象。原因就是他们在不断地进行注意力切换。他们一会儿看看邮件，
一会儿写个文档，一会儿接个电话，时不时还得看下手机信息。而你
的大脑经受不起这一连串的切换操作。你可以把大脑的运作方式想象
成健身。只有当你持续稳定地集中锻炼一块肌肉时，才会有增肌的效
果。如果你在这个过程中，一会儿聊聊天，一会儿喝口水，一会儿玩

下手机，你觉得还会有锻炼的效果吗？大脑也一样，不管是学习还是工作，效率的产生到消失像是一条抛物线，前几分钟甚至几十分钟都在预热，好不容易刚要出效率的时候，被一件事情打断，一切又得从头开始。当你总是频繁切换于各种任务之间的时候，压力感、紧迫感以及效率的大幅下降也会让你产生焦虑。所以我真诚地建议你，一次尽量只做一件事。

第四节　为什么你总是迷茫

迷茫是很多二三十岁的朋友都会遇到的阶段性的情绪状态。工作迷茫、感情迷茫，甚至人生迷茫，找不到出路，觉得干什么都没劲，不知道自己真正想要什么，不知道自己该做什么样的选择，甚至不知道自己有哪些可能的选择。此时的你，仿佛驾驶着一艘游艇在满是迷雾的海面上航行，分不清方向，不知道往哪儿走，更不知道会不会触礁以及什么时候才能驶出迷雾。这就是你此时的状态。你的大脑试图去找寻问题的解决方案，但是发现答案并不清晰，并且每个答案似乎都是那么遥不可及，也都伴随着各种风险。在当今这个时代，新旧事物不断更迭，每天都有大量的信息冲刷着我们的大脑，我们面临很多选择，但更多的是各种不确定性。

科学家发现人们是通过"同化"来认识这个世界的。当出现那些

允 许 自 己 做 自 己

我们不理解、不熟悉的新鲜事物时，大脑会调用已有的知识和思维框架，来消化吸收新鲜事物，同化成我们认知体系中的一部分。在这个过程中，一定不可避免地会有旧认知、旧系统遭到破坏和颠覆。我们的大脑喜欢稳定，这种破坏行为一定会让大脑产生不适。而一旦旧认知被打破，新认知还没完全建立起来的时候，人就会迷茫。面对迷茫，我们应该怎么办？

一、按下暂停键

人一旦开始迷茫，最喜欢干的事情就是混工作、混日子，糊弄别人也糊弄自己。工作的时候心不在焉，玩手机、逛网店；下了班，打游戏、聚会，刷手机刷到深夜，醒来又是迷茫的一天。迷茫并不是没事做，而是你很难在所做之事中找到意义。在我二十多岁时，我每天会花大量的时间用来娱乐，试图用短暂的快乐去冲走意义感的缺失。但是我失败了，一段时间之后，我发现我更焦虑、更迷茫了。我逐渐发现试图用快乐去填满生活，去消磨时间好像并不能让我好起来。

在《世界尽头的咖啡馆》一书中，有个绿海龟的故事让我印象深刻。咖啡馆里的凯茜在海边度假的时候惊讶地发现，她无论多努力都追不上那些看起来游得很慢的绿海龟。经过一段时间的观察她发现，海龟的速度其实倒没有多快，只不过它们非常擅长利用大海的节奏，当海浪朝海龟相反方向涌来的时候，海龟会浮在原地等待时机。而一旦海浪与自己方向一致的时候，它们会加快划水频率，借着海浪的力量快速前进。人之所以追不上海龟，就是因为我们总想着奋力往前游，每时每刻都在用力，从来不懂得什么时候该停，什么时候该游，等到可以借助海浪往前冲刺的时候，已经没有足够的力气了。

所以，当你迷茫时，你最该做的就是停下来。你要暂停这种混沌状态，把你的身心修养好，把你的时间腾出来，停掉眼前的一切，彻彻底底地来一次断舍离，扔掉一切不需要的东西，抛弃一切能力之外的欲望，早睡早起，吃好喝好，锻炼身体。作息对了，精神好了，一切就会慢慢变好。

二、学习和思考

人的迷茫常常来自未来的不确定性。了解未来很难，了解自己可能会容易一些，了解自己喜欢什么，擅长什么，想要什么样的生活和工作，期待着怎样的亲密关系。如果这些问题你暂时没有答案，那你最需要做的事情是阅读，尤其是读一些经典书，看看那些伟大的先贤、睿智的人在面临人生重大抉择的时候是怎么做的，看看他们每个年龄阶段都在干什么。一本好书从不辜负与他们潜心交流的人。在日常生活里你可能很难见到这些名流大咖，但在书里你可以跟他们平等地交流，了解他们的想法，走进他们的内心世界。另外，阅读可以帮你找到你的问题。很多时候你感觉到的迷茫，可能是披着"迷茫外衣"的其他情绪，比如焦虑、害怕、悲伤等。当你了解到具体是哪种情绪在影响自己的时候，你就能对症下药，有针对性地去寻找并解决这些情绪的源头问题。

另外，通过阅读、思考，你的认知水平也会得到提升，这样你就能知道自己的问题在哪儿，应该怎么解决。人的未来取决于当下每一刻的选择，如果你每天都浑浑噩噩地度过，像个上了发条的机器一样活着，那你的未来也一定是模糊的。如果你每天都在学习、思考，充实自己，那你的未来就会因为这些努力不断变得清晰起来。

三、不断尝试

有句话说得好："鲁莽者要学会思考，善思者要克服的是犹豫。"很多时候如果你犹犹豫豫不行动，就永远不会知道路在哪里。很多人都问过我这个问题："当前的工作没意思，别的工作自己又没能力干，怎么办？" 答案很简单，就是多去试试。去试试那些你完全没有尝试过的事儿。你不试怎么知道你不行？

人生的每一次尝试都是在为最后的一鸣惊人积攒经验。就拿我自己来说，跨境电商刚刚兴起的时候，我觉得这是一个值得探索的领域。那时候我还没毕业，没人脉没经验，更没有现在这么多教学视频可以参考，只能去打听和摸索，虽然最后失败了，但我在这个过程中学到了很多东西，比如"什么样的人不能合作""前期尽量轻投入，快启动"等。后来区块链、人工智能兴起的时候，我看到了机会，依然在没有任何相关领域知识的情况下，迅速启动，边学边干。后来，我找到了靠谱的合作伙伴，建立了团队，发布了产品，并且取得了一定的成绩。在智能家装领域也一样，这对我来说是一个全新的领域，但此时的我已经有了自己的一套完整的方法论。我如法炮制，找到了合伙人，确立了服务项目，创立了公司，并且做出了不错的业绩。更有意思的是，在接触自媒体之前，我从来没对着手机说过任何一句话，没做过视频，不会剪辑，不会动画，不爱写东西，甚至我连为什么要做这件事都没想清楚，就已经开始行动了。以至于我周围的朋友都很不理解，他们认为我正在做一件跟我性格完全相反的事。就这样，在几乎所有人都不看好时，我在不到两年的时间内做出了全网超过 500 万粉丝的成绩，我的视频也开始影响越来越多的人。在我看来，没学过，没经验，不合适，这些显然都是借口，一旦开始了，所有东西都会慢慢补齐。

迷茫的人之所以无法破局，往往是因为他们习惯把自己困在唯一一种可能性里，看不到其他通路。但这不是事实。这个世界其实有千万种可能，你也有无数种选择。迷茫中的裹足不前，本质上其实是在浪费时间和机会。

四、找到你的节奏

在你反复试错的过程中，你可能还会动摇和迷茫。无论如何，一定要坚持自己的节奏，永远跟自己比较。你有没有长跑过？你知道在长距离跑步的时候最忌讳的是什么吗？就是打乱节奏。看别人超过你，所以心急了快跑两步，就因为这两步可能就会彻底扰乱你的呼吸，让你上气不接下气，以至于无法跑过终点。我们的生活也是一样，每天都有无数的信息影响着我们的判断，打乱原有的节奏，所以有选择性地屏蔽掉一些无用信息，坚持自己的节奏，才能让你一路跑到终点。

我们需要正确地认识迷茫这种情绪。在二三十岁时，感到迷茫是正常的，这段时间，我们可能会做出各种错误的决策，比如工作的挑选、伴侣的选择、投资的计划、人生方向的判断等。但希望你明白，这是你人生的必经阶段，每个人都会有，如果没有，那可能恰恰说明你没有认真思考过人生。人就是用大量的时间迷茫，而在短短的几个瞬间长大的。这样看来，迷茫恰恰是必要的，是你变通透前的准备。

第五节　紧张是一把双刃剑

为什么你平时考试成绩都很好，但是一到大考就失常？为什么你平时投篮都很准，一遇比赛就拉胯？为什么你平时说话很流利，一到演讲就结巴？所有的这一切都是紧张在作祟。紧张是每个人与生俱来的情绪，它是我们面对外界刺激时身体和精神共同产生的加强反应。适当的紧张可以让我们情绪高涨、活动力增强、注意力更集中、反应变快，但是过度的紧张则会影响我们的正常发挥，甚至让我们吃不好、睡不着、心情差、做事效率低下。

可为什么人一到关键时刻就紧张？举个简单的例子。假设你在一

条宽敞的没有车的大马路上骑自行车。此时有人给你画了一条半米宽
的线，让你在这个宽度范围里骑。这虽然有些难度，但大部分会骑车
的人都可以轻松做到。现在，如果把线外的空间变成万丈深渊会怎样
呢？这时候你很可能会非常紧张，担心掉下去。为什么？因为心态不
一样了，这时候你没有安全感了，会异常害怕两边未知的世界。从生
物学的角度看，当我们面临威胁时，身体会释放应激激素，比如肾上
腺素和皮质醇，这些激素会引起心跳加速、血压升高等生理反应，从
而导致紧张感；从心理学的角度看，心理上的压力、担忧和恐惧可能
导致紧张情绪。这些情绪可能源于我们对自己能否应对挑战的怀疑，
或者对未知结果的担忧。那究竟有什么方法能帮助我们缓解甚至消除
这种紧张情绪，让我们在关键时刻可以正常发挥呢？

一、钝化 "走悬崖" 的感觉

我们可以通过反复训练类似"走悬崖"的方式，让自己变得不再
敏感和紧张。具体的方法有很多，比如平时刻意营造紧张气氛，故意
把时间变得紧迫，让自己紧张起来。再比如，故意设定附加条件，类
似"这次小测验要是考不到 90 分以上，就扣掉这个月的零用钱或者
两个星期不吃肉""这场练习赛要是命中率低于 50%，就连续跑一
个星期的马拉松"。当然，你在训练中感到的紧张程度，取决于你的
附加条件究竟让你有多痛苦。

还有一种方法叫"降维打击法"。回到刚才提到的"在半米宽的

范围内骑自行车"的问题，现在增加难度，让你在钢丝上骑自行车。如果你能做到，再回到"在半米宽的范围内骑自行车"的问题，这时候即使两边是悬崖峭壁、刀山火海，你也能轻松应对，不会感到紧张。所以，通过在平时训练中增加难度的方式，可以让你锻炼出远超过实际场景的应对能力，这样当你面对难度小于训练模式的挑战时，也就不会那么紧张了。比如，如果你面对 90 分钟的大考经常会很紧张，那你可以试着找一些难度更大的模拟题来练习，并且把时间缩短为 60 分钟；如果你在篮球比赛里经常紧张到无法正常发挥，那平时不妨试着跟一些水平高于你的对手切磋；如果你当众演讲经常紧张忘词，那不妨试试找一个有更多观众的场合进行模拟训练，并且尝试让底下的听众打断你，看看你还能不能做到泰然自若。大风大浪都能安然度过，那和风细雨当然也就畅通无阻了。

二、找到你的 "安全网"

回到开头骑车的例子，可能很多人会说，之所以紧张是因为知道自己没有选择，一旦跑偏就会掉入万丈深渊，就没有重来的机会了。如果这时候，有人告诉你："不用怕，两边有安全网，放心骑，掉下去也没事儿。"你会怎样呢？这虽然不能让你完全不紧张，但至少会让你的紧张感得到一定程度的缓解。所以，在每次人生大考之前，提前准备或者设想一遍自己的"B 计划"，找到你的"安全网"，并且反复给自己一些心理暗示，告诉自己"掉下去也没事"，你的紧张情绪就会有好转。

三、打消你的 "负面信念"

大多数情况下，"紧张感"来源于我们对于压力的负面信念。斯坦福大学心理学博士凯莉在她发表过的一篇论文中写道："多年以来我都在告诉人们，压力会让你生病，它会增加你患上从普通感冒到心脏病、抑郁症乃至成瘾症等各种疾病的风险，并且它会杀死脑细胞，破坏你的 DNA，让你衰老得更快。但如果真正有害的不是紧张本身，而是我们应对压力的方式呢？" 根据一项广泛的研究报告，"那些有压力但不认为压力有害的人，在研究中表现出的死亡风险最低，甚至低于那些报告压力感很小的人"，研究人员进而得出的结论是："伤害一个人的不仅仅是压力本身，而是压力有害信念，当压力与压力有害信念结合起来的时候才会对人产生不良影响。"所以，那些给你压力的事件以及紧张本身可能并不会对你造成多大伤害，真正影响你的是你怎么看待紧张这种情绪。那究竟有哪些方法可以帮助我们避免"负面信念"呢？

1. 观察法

这也是目前为止，我认为在短时间之内缓解紧张情绪的最有效的方法。情绪观察法其实是正念冥想里的一种技法，详细的操作我们会在后面的章节里专门去讲，这里只是粗略地概括下：当你感觉到紧张情绪的时候，不要急着去排斥它，而是去细细体会那种紧张的感觉，站在一个旁观者的角度去观察紧张，去感受它给你带来的身体上的变化，比如心跳加快、脸蛋发烫、肌肉紧绷等，当你把注意力用来观察它的时候，慢慢地它就消失了。

2. 正确归因

很多时候我们之所以紧张是因为我们脑子里基于已知事实对于未知事物的错误归因。一个特别常见的错误归因就是：因为我会搞砸某件事儿，它的后果会给我造成不良影响，这让我很害怕。所以我不敢去做，这就导致了现在的紧张。这显然不是事实，而是你的负面认知系统在作怪。你看，在没做一件事之前，你已经坚信结果会失败了。

当你有这种念头的时候，你需要在你的脑子里进行一场"辩论"，重新回归理性。正常来说，你做一件事情成功和失败的概率都各占50%，如果你准备得比较充分，你的成功率会高于50%。我们之所以会错误地归因可能是因为我们把成功的范围定义得太窄了。特斯拉创始人埃隆·马斯克曾经面临过一次艰难的抉择。在2002年，他在犹豫要不要创立SpaceX。因为经过他的计算，成功率只有10%。马斯克可不是傻瓜，不会因为10%的成功率而孤注一掷。而他后来成立SpaceX的根本原因，就是他发现他之前把成功定义得太窄了。除了把公司做大做强、融资上市之外，被收购、跟政府合作、获得该领域的知识和经验也都是可以定义为成功的。如果这些都算起来，那成功的概率就大幅提升了。

3. 正确看待"紧张"

有个心理学实验叫作"如何不去想那头粉色的大象"。志愿者被告知，不能去想象屋子里有一头粉色的大象——实验发现，这是很难做到的，一旦脑子里有了这个信号，就很难不去想。在心理学中，这种现象被称为反讽过程理论，即如果刻意压抑某些想法，实际上它们更容易浮出水面。社会心理学家丹尼尔·韦格纳于 1987 年首次研究了反讽过程理论。他发现，对于容易产生焦虑或强迫性想法的人来说，在压力大时，"无法抑制某些想法"的能力可能会恶化。

紧张也一样，你越是告诉自己不要紧张，紧张就越会钻进你的脑子里。但你要知道，紧张是一种正常的情绪，它会带来一些生理表现，让我们为事情做好更充分的准备。合理地利用紧张，反而会让你有更好的状态。所以，我们要学着和紧张和解，和紧张做朋友，这样紧张就会消失，或者为我们所用。心理学者李松蔚举过一个真实的例子。他女儿第一次学游泳的时候，很紧张，总是往下沉。教练跟她女儿说："你别紧张，越紧张，你沉得越快。"教练这么说，他女儿的问题非但没有解决，反而更加严重了。这时候李松蔚是怎么做的呢？他告诉女儿，教练这么说是错的。据我所知，紧张是一个必然经历的过程，学游泳的话要紧张 100 次。你紧张过 100 次，自然就可以浮起来了。然后他问女儿："你现在紧张多少次了？"小朋友掐指一算，"大概

5 次", 然后李松蔚说: "OK, 那你还得再紧张 90 多次。"

李松蔚这个做法的巧妙之处就在于, 他并没有鼓励他的女儿去放松, 而是反其道而行之, 鼓励女儿去紧张。结果女儿果然好多了, 几天之后就学会了游泳。李松蔚并没有把紧张说成是一个问题, 而是告诉女儿, 紧张是你必经的过程, 在某种意义上甚至是你的朋友, 你需要这样一个朋友的帮助才能学会游泳。所以当他女儿再次感觉到紧张的时候, 她就会想, "我爸爸告诉我, 只要紧张, 我很快就会游泳了"。这样当紧张再次找上门来的时候, 她的身心不是抗拒的, 这种心态就会让她逐渐放松。

当你把紧张当朋友的时候, 紧张就穿上了华丽的外衣, 摇身一变, 成了兴奋。而兴奋就是我们做事的最强辅助。

第六节　无聊感可能正在摧毁你

无聊是一种看起来人畜无害的状态, 但你可能不知道, 它是很多问题的罪魁祸首。比如工作上犯错, 可能是因为枯燥乏味, 无聊走神; 人生丧失动力, 可能是由于生活平淡如水; 就连感情不忠, 大概率都是因为缺乏刺激, 索然无味。这也就是看上去很稳定的工作, 流动性却特别大的原因。就是因为无聊, 人非常难以承受一成不变的工作。人很难面对一成不变的生活, 哪怕是更忙碌、更糟糕都比一成不变要强。

　　从心理学的角度看，无聊感是一种注意力倾注的对象不符合自己的价值观时的心理体验，是一种因为无法参与到让人满足的活动，与周围世界产生有效连接，而产生的一种不适感。其实，偶尔无聊很正常，但是持续性的无聊状态一定要引起你的重视。无聊不仅会让你频繁出错，有时候甚至是焦虑、抑郁这些负面情绪的先行者。无聊是一种心理上的饥饿，人在无聊的时候，通常会向周边环境持续寻找更多的刺激。

　　比如你学习无聊了，可能会想着刷手机；你工作无聊了，可能会顺手网购。当然不是所有人都这么容易无聊。有研究显示，那些自驱力比较强的人会相对不容易感到无聊。他们对自己的注意力有较强的控制力。NBA 著名球星科比凌晨 4 点起来练球；马拉松冠军基普乔格雷打不动地每天跑 30 千米。很多在普通人看来异常单调的东西，对于这些人来说，就是一种沉浸式心流体验。而那些缺乏自控力，很难集中精力，总是在追求短暂快乐和躲避痛苦的人，更容易产生无聊情绪。不停地刷短视频，确实可以让你享受片刻充实，但时间久了会让你的无聊感增加。因为轻松获得的感官刺激，会不断拉升你的多巴胺阈值，让你只能通过更短、更快、更有意思的东西来打消无聊感。如果任凭这种无聊感延续下去，除了之前说过的更严重的情绪问题之外，还会让我们的身体产生一系列问题，最常见的就是暴饮暴食。有研究表明，越容易感到无聊的人，越倾向于选择垃圾食物，也越容易吃得多。就像我们看电影不停地往嘴里放爆米花一样，用饱腹感对抗自己的空虚感。更有甚者，还会发展成酗酒、抽烟、赌博等一系列成瘾性问题。

一、"空心病"——人生意义的失焦

如果我们把"认为某一件事儿没有意义"定义为无聊的话，那"认为整个人生都没有意义"就是"空心病"了。"空心病"这个概念最早是北京大学徐凯文教授提出的。虽然这个概念还没有被学术界认可，但是它所涉及的现象值得我们深思。"空心病"患者通常会认为人生毫无意义，对生活感到十分迷茫，不知道自己想要什么。其中一些具体表现为：情绪低落、兴趣减退、快感缺乏、强烈的孤独感和无意义感。有一个比较形象的比喻："他们感觉自己就像是一盏没了灯芯的白炽灯，接上了电却怎么也点不亮。""空心病"这个名字来源于英国诗人托马斯·斯特尔那斯·艾略特的短诗《空心人》。诗中的一句话形象地描述了"空心病"的症状："在渴望和痉挛之间，在潜能和存在之间，这就是世界结束的方式，并非轰然落幕，而是郁郁而终。"

"空心病"不同于抑郁症的地方在于，这些空心人多数看起来都是积极主动、热爱这个世界的。他们之中的相当一部分人会比别人活得更努力，他们通常有好的成绩、好的工作，但他们又非常厌恶考试和工作，有种非常矛盾、非常痛苦的心态。所有这些空心人的矛盾点都在于，这些所谓的"正确的事儿"不是他们发自内心的自我追求，而是父母、师长乃至整个社会强加给他们的。逐渐地，他们活成了别人眼里的样子，而他们自己却不知道做这些事儿的价值究竟在哪儿。

我觉得"空心病"跟我们从小到大接受的教育是分不开的。我们的父母、老师从小就用培养优秀生的模式去引导我们做那些他们希望我们做的事。"如果你这次考好了，你就可以出去玩""如果你听话，就会被更多人喜欢"，而这种模式的产物就是，你的价值全是由别人的评价决定的。你不知道自己应该做什么、不该做什么，不知道做某件事的意义，也不知道人生的价值。活着仅仅是为了不停地证明自己的价值给别人看。长期由别人灌输给我们做正确的事的观念，导致我们丧失了自主思考的能力。不管是学习、工作还是生活，都不能在其中找到价值感，也不能找到充分的自我认同感，于是有些人就会觉得意义感丢失了。

"空心病"应该算是我们这个时代才开始的一种"时代病"。科技的发展迫使我们的生活节奏越来越快，就像一个越滚越快的车轮在撵着每个人拼命往前跑。很多人学习、工作压力大，交流沟通变少，贫富差距加大。有个特别有意思的比喻："如今我们把机器做得越来越像人，但我们自己却越来越像机器了。"我们就像是没有感情的机器，一刻都停不下来，却又不知道这种生活的意义。有什么方法能够解决或者缓解"空心病"呢？

首先，我认为有关人生意义的空泛思考并不能让你变得更好。"意义"本身可能就没有意义。那些有关于人生意义终极问题的思考有时

候会让我们走火入魔，更何况凭闭门造车一般的苦思冥想并不能产生
任何顿悟，起码绝大多数人都没有这种能力。多看几本哲学书比你空
想的帮助肯定要大得多。目前让我比较信服的有关人生意义的解答，
一个是体验，一个是创造。多去体验不一样的人和事，多去进行积极
的创造，这些可能才称得上意义。

其次，有时候我们确实不得不去演好自己的剧本，但不必为了生
存而照着规则演。心理学上有一个特别诡异的概念，叫作合理化防御
机制——当你挣脱不了痛苦的时候，你可能会找理由为它开脱，甚至
转而爱上它，使自己心里得到平衡和安慰。但是请你注意，虽然我们
不能改变环境，有时候还要不情不愿地去迎合它，但是请你一定不要
妥协。你不需要满足任何人的期待，你完全可以不在乎任何人对你的
评价，就去做你认为有点儿乐趣、有点儿价值，并且愿意投入时间去
做的事儿。这件事儿不一定是那种惊天地泣鬼神、改变世界的大事，
但只要能让你快乐，能够给你动力，让你继续好好活着，那对你来说
就是有意义的事儿。

总之一句话，比起过上那种别人理想中的看上去还不错的生活，
你更应该去过一个你自己认可的生活。只有这样，你才不至于空心，
你的意义感和价值感才能出现。

二、重置兴奋阈值

现如今很多事只要有一部手机就可以搞定，你想看的剧，你想打

的游戏，想找的资讯，想学的东西，很多都在网上。可为什么这么丰富多彩的世界就摆在你面前，你还会觉得无聊，还会感到空虚？答案就是兴奋阈值提高了。你之所以无聊并不是真的无事可做，而是因为你可以做太多事了。每一个短视频的刷新，每一次游戏的胜利，每一种毫不费力的刺激，都会让多巴胺冲刷着你的大脑，提高你的快乐阈值，提高你脑子里有趣的门槛。当下互联网公司的竞争，本质上就是对用户注意力的争夺，用更好的服务、更好的产品、更让人上瘾的内容争夺用户为数不多的精力。这样的结果就是越发加深了我们的无聊感，让我们变得更容易厌倦，需要越来越强的刺激才能唤起兴奋感。

无聊是一种低唤醒状态的表现。大脑认为你在做无价值的事儿，它认为不需要分配给你这么多的资源，于是它就故意调低你的唤醒状态，减缓你的资源消耗。所以，要想摆脱这种无聊感，告别这种没有动力、没意义的感觉，最重要的一步就是打断你现在的节奏，停掉手头的工作，然后重置你脑子里的兴奋线。法国思想家布莱斯·帕斯卡说："所有人类的问题都源于我们无法独自一个人安安静静地在一个房间里坐着。"你害怕自己一个人孤独地被困在你的脑子里。所以想要摆脱无聊感，你最该尝试的就是找到这个"安静的房间"，然后试着在里面独自坐一会儿。

三、成长型兴趣

通常我们在工作之外会有大把的空余时间，如果你把这些时间用来娱乐，确实可以得到短暂的放松和快乐。但是，这只是治标不治本，过不了多久无聊感还是会找上门来。治本的方法应该是培养一些你真正喜欢并且愿意投入精力的成长型的兴趣爱好。什么是成长型的兴趣？就是你通过投入时间会给你带来技艺增长，持续收益的东西。比如体育运动、艺术创作、读书写作等，这些技能会随着你的日积月累变得不一样。这也是很多成功大佬强烈推荐的方法，利用这种成长型兴趣来丰富自己的精神世界，就可以让自己心有所托，不断成长。

四、有挑战的工作

工业化时代刚开始的时候，心理学家就发现了一个很严重的问题：虽然工人们的工作条件得到了大幅提升，收入也增加了，但是干劲儿却越来越少了。后来他们发现，这是流水线的引进导致的。看过卓别林电影的朋友可能都会印象深刻，这些工人每天就像一个个上了发条的机器一样，在工作岗位上做着单调且重复的工作。虽然这样的工作看起来很轻松，但是没有挑战，也让人感觉不到成就感，每个人的脸上都写满了"无聊"。而到了现代社会，我们很多人的工作其实跟过去的工厂工人也没有什么区别，依然就像一颗颗螺丝钉一样，重复且单调。加拿大心理学家詹姆斯·丹克特说："一份工作如果不想让人感到无聊，就必须拥有适当的难度曲线，时刻保持让劳动者能够接受的挑战性。"这一结论跟积极心理学创始人之一、心流概念的提出者米哈里·契克森米哈赖教授的理论几乎一致。米哈里教授提出，人类所有的探索活动，要想吸引人，就必须在设置难度的时候确保难度与参与者的技能同步增长，既不能太难，也不能太容易，最好能让人"踮踮脚""跳一跳"就能够得到。这样，活动的参与者才能产生兴趣，才能专注忘我地投入进去，这种状态也就是大名鼎鼎的心流状态。所以，想要不无聊，在生活、工作中，找到一件有适当挑战的事情才是关键。

五、偶尔无聊，也未尝不可

偶尔的无聊，其实不是什么坏事儿。网络时代下我们好像越来越受不了无聊这件事儿，我们觉得这是在浪费时间，虚度生命。在强调快节奏，强调要利用好碎片化时间的今天，谁又敢停下脚步，谁又忍受得了停滞的空白呢？即使你想喘息片刻，你仍然会被各种声音左右——劝你不要浪费碎片时间，劝你努力，劝你上进，提醒你那些比你优秀的人也比你努力。所以，很多人就像上了发条的机器人一样，时刻紧绷着，不允许自己有一刻的松懈。所以，享受生命的空白一刻，思想随处漫游的机会在当下这个时代显得尤为宝贵。英国的心理学家桑迪·曼恩说："我们都害怕无聊，但事实上它可以引发各种令人惊奇的事情。" 当你开始发呆，开始做白日梦，任思绪自由游走，你的大脑活动更靠向潜意识，这个时候，大脑中各种各样的联想就得以创建。电影《白日梦想家》里那位可以随时放空做英雄梦的胶片洗印店经理，最后真的从工作了 16 年的杂志社走了出去，从此踏上冰山雪原的惊心动魄之旅。也许一直以来，他所有的白日梦，就是他的潜意识在不断提醒着他："你其实也可以这样活着。"所以，希望你不要对自己太苛刻，偶尔让大脑散个步，或许只有这样，我们才会拥有清晰的"视力"，既看见自己身处的环境，也看清未来的方向。

第七节　孤独无罪

当你必须一个人吃午饭的时候，当你在节假日叫不出一个朋友的时候，当一天结束你有一肚子话却无法对人诉说的时候，当你不得不填写"紧急联系人"却一个人都写不出来的时候，你是不是会感觉到一丝丝孤独呢？

什么是孤独？把孤独这两个字拆开，有孩童、有瓜果、有小犬、有蚊蝇，足以撑起一个盛夏傍晚的巷子口，非常热闹。而这些如果都与你无关，这就叫孤独。当然也没必要说得这么诗意，通常意义上讲，如果你能感觉到孤独，那你就是真的孤独，因为孤独是一种纯粹主观的个人感受。

虽然我们正处在一个信息高度丰富、交流沟通途径众多的时代，但是却有越来越多的人感到孤独。孤独这件事儿不分人，你可能性格孤僻、沉默寡言，极度缺乏社交能力，你也可能外向热情、活泼好动，是众人眼中的开心果。任何人，不论年龄、不论性格，不管朋友多少、单身还是已婚，都会孤独。因为它是刻在人类基因里的东西，从本质上来说是造物主为了保护我们而设置的。饥饿会让你把关注点放到与食物有关的需求上，而孤独会让你把注意力放到与社交相关的需求上来。人类向来就是群居动物，我们的祖先就是靠群体合作才能在恶劣的自然条件下生存。在古代，族群里的分工合作保证了每个人都有饭吃、有衣穿、有火烤。群居穴处，才能生存；离群索居，意味着死亡。对于我们的祖先来说，最可怕的事儿不是被狮子老虎盯上，而是被族群排除在外。所以为了防止这种事儿发生，我们的身体内形成了"社交疼痛"。这种疼痛感就像是身体内的一个报警系统，它可以确保我们做出合群的举动。

当下，人们的物质条件得以满足，越来越多的文学和影视作品开始强调个体，强调独处的重要性。而各类社交工具的兴起看似让我们跟他人的沟通效率变高了，实则让我们越来越缺少面对面深入交流沟通的机会。很多人对孤独都有误区，认为孤独就是没朋友，就是一个人待着。事实上，即使你周围朋友很多，每天参加各种社交活动，你也可能会感到孤独。而那些每天就喜欢一个人看书、一个人吃饭、一个人看电影的朋友，他们反而不会孤独。著名心理学家阿德勒认为：孤独，是对人群的敌视。通俗点说，就是一个人在自己的内心深处竖起屏障，把自己和他人隔绝开来，因此他无法融入社会和其他人建立社交关系。

有很多名人和成功学大师告诉你要享受孤独，享受独处时光。我

允 许 自 己 做 自 己

认为这不是真正的孤独。就像我前面说的，真正的孤独，是自己能感到一种痛，是那种身处泥潭，感到窒息，希望有人来拉你一把，但是又知道根本没人会来的绝望感。它就像饥饿和疼痛一样，是生理反应。如果今天有人非要让你享受饥饿、享受疼痛，我劝你最好离他远一点。如果说享受饥饿也许还能减减肥，那享受孤独可真不是什么好事儿。一个悲伤的事实就是，长期孤独的人，真的连喝水都会塞牙。大批量的研究表明，孤独是一种不健康的情绪，它会让你老得更快，免疫系统变得更弱，甚至阿尔茨海默病和抑郁也会找到你。更有研究表明，长期感到孤独的人会比那些酗酒抽烟者、糖尿病患者的死亡率还要高一倍。这还不是最可怕的，长时间感到孤独，会导致你的行为和心态发生变化。你会对社交产生排斥，对活动产生抗拒，会习惯性地恶意解读别人的行为，甚至会对外界产生敌意。也就是说孤独会改变你的认知。这时候，你的信念体系会发生改变，你可能会为了保护自己而经常以自我为中心，你会变得越来越冷漠。而这样的结果就是，周围愿意跟你在一起的人更少，你也会更孤独。

一、接受孤独

在我看来，走出孤独的第一步，就是接受孤独。孤独不是什么绝症，孤独不代表你没朋友，不代表你孤僻，更不代表软弱。就像我们前面说过的，任何人都可能孤独，甚至那些名望、地位、财富、学识远过于你的人也会感受到孤独。事实上，孤独其实才是一个人本来的面貌。我们赤条条地来到这个世界，又赤条条地离开，一切的喧嚣热闹，我们带不来也带不走。人总是要回归到一个人的状态，一切热闹其实都是暂时的。

接受孤独，意味着勇敢面对自己的内心。当我们能够在孤独的时候找到安宁，我们的内心便能培育出更多的勇气和自信。这会让我们在关系中表现得更坦诚，还能让我们在面对挑战时保持坚定。因为我们已经学会了在孤独中寻找自己的价值，而不是过度依赖他人的评价。接受孤独，同样有助于我们更深刻地认识自己。在独处的时光里，我们可以自由地思考、探索和发现自己的兴趣、才能和激情。这种自我了解能够让我们更明确地认识到自己的需求和期望，从而在社交场合中做出更明智的决策，避免因迎合他人而失去自我；接受孤独，也让我们学会更好地与他人相处。当我们能够独立面对自己的孤独时，我们会更加尊重他人的个体性和独立性，我们会变得更有边界感。这种尊重使我们能够更加真诚地对待他人，更愿意倾听、理解和关心他人的需求。这样的态度，不仅有助于建立更深厚的友谊，还能为我们赢得他人的信任和尊重。总之，接受孤独，就意味着接受我们人生的一部分真实。承认孤独的现状，接受孤独的本质，才能积极地拥抱生活。

二、 打破孤独的恶性循环

长时间孤独的人经常会把自己困在一个怪圈里，经常否定自己、否定别人，习惯性地过度解读别人的语言和行为，拒绝和逃避社交活动。结果也会引来别人的疏离、冷落，甚至嘲讽。如果你也存在这些行为，建议你调整一下， 试着打开自己走出去，必要的时候请专业人士帮忙，找自己的挚友或者心理咨询师聊一聊，看看有没有更好的办法。当然如果问题出在别人身上，试着换个圈子，通过认识新人，让自己变得更好。或者你也可以按照自己的兴趣爱好去参加兴趣小组，跟志同道合的人一起玩耍。人对自己最大的不尊重，就是在那些不尊重自己的人身上浪费时间。

根据阿德勒的说法，人之所以会产生孤独，根源在于自卑感。轻度的自卑感可以让你追求卓越，不断进步；而过度的自卑会让我们跑偏方向，产生自卑情结，从而让我们很难与别人建立起合作关系，由此孤独就产生了。

三、学会高质量独处

我经常跟人说，低质量的社交远远不如高质量的独处。一个人独处的时候，要把时间投入到自己的爱好上，多去关心自己，就好像小时候自己拿着一个玩具就可以玩一下午一样，要找到这种感觉，它可以非常有效地帮你缓解孤独感。很多人在孤独的时候特别渴望融入群体，会不假思索地参加很多活动，即使这些活动自己并不喜欢，但为了刻意融入群体就勉强自己去做，这种低质量的社交反而会让你更孤独。事实上，孤独很少会摧毁一个人，在孤独中选择堕落，把自己拼命塞进一个不适合自己的圈子，过度地迎合别人，假装自己不孤独，才是毁掉一个人的罪魁祸首。这也就是有些形单影只的独居老人反而不觉得孤独，但是那些成天游走于各种饭局、酒局的社交达人反而会孤独的原因。说白了，那些社交达人其实并没有充分照顾到自己的需求，没有把自己放到更高的优先级上来。他们的精神世界无比空虚，他们根本不知道自己想要什么，他们的所有喜怒哀乐统统来自别人。久而久之，他们对别人的要求和期待越来越高，失望也就越来越多。因为说到底，这个世界上就没有什么感同身受，人只能要求自己，没法要求别人。这是一个属于你的世界，跟别人没有关系。

最后，援引杨绛老师在《一百岁感言》里写到的一段话："我们曾如此渴望命运的波澜，到最后才发现，人生最曼妙的风景，竟是内心的淡定与从容。我们曾如此期盼外界的认可，到最后才知道，世界是自己的，与他人毫无关系。" 认识到人生本来孤独的本质，你就不再寄希望于他人、寄希望于外物，试着自己一个人也能安然自得地生活。学会了，你就是驾驭孤独的现代人；学不会，那你依旧是个被孤独裹挟的原始人。

第八节　你为什么总是很累

很多人可能都有类似的体会："明明一天什么都没干，为啥就是

允 许 自 己 做 自 己

感觉特别累？"除了没有休息好或者某些身体因素之外，还有一个可能性，那就是这一天你浪费了太多的"情绪"。比如我们公司的前台，平时的日常工作就是待客登记，看起来很轻松，但每天下班之后感觉自己都快累趴下了。那些从事销售、人力、公关等服务行业的朋友可能都深有体会，看似每天没有做什么工作，但一天下来常常感到筋疲力尽。原因可能是你做了过多的情绪劳作。

时下有一个特别流行的词汇叫"情绪价值"，这个词最早是美国爱达荷大学商学院的杰弗瑞教授提出的，主要应用于营销领域，指的是一个人积极情绪的体验大于消极情绪的体验，那他就收获了情绪价值。自打这个词诞生以来，情绪就被当成一种定量的东西摆到台面上。

我们每个人每天的精力、体力都是有限的，今天去健身房锻炼一个小时，可能会感到神清气爽，明天去健身房锻炼四个小时，可能身体就感到无法承受。为什么？因为你透支了自己的体力。社会学家霍奇查尔德教授认为，情绪跟体力一样，每个人每天都有固定的限额，你的每一次微笑、鞠躬、随声附和等看似微不足道的行为，其实都是在完成情绪劳作。面对到访者，前台要微笑，要嘘寒问暖，即使自己连对方叫什么都不知道；面对客户，销售人员要表现出足够的热情来推销产品；面对老板的说教，不管自己有多反感，还要装成被激励、被鼓舞、收获颇丰的模样。很多工作需要让你戴上社交面具，需要你表现出与自己内心并不相符的情绪状态，这些工作都需要你进行情绪劳作。

当然，情绪劳作不一定发生在服务业中，事实上，各行各业中的人在工作中都可能会遇到。所有这些假装喜欢、假装关心、假装生气，甚至控制自己不生气的举动，统统都属于情绪劳作。那问题来了，作为一个普通的打工人，如果每天不得不做出这些情绪劳作，不得不戴上社交面具，有什么方法可以让自己不这么累呢？答案就藏在情绪差异里。我们的真实情绪，也就是此时此刻的真实心情和感觉，我们表现出来的情绪，也就是我们的情绪劳作。这两者之间的差异决定了我们有多累。因此，缩小这个差距，就是破解疲惫的关键。

一、直接表达情绪

很多人都觉得情绪管理就是把所有的情绪都藏起来，假装不生气，假装很开心，假装情绪很稳定。还有人认为只有这么做才算得上是情商高。但是我一直认为，这种"把自己憋出内伤""把自己搞得很累"的做法并不是真正的情商高。自己很难受，别人很舒服，这顶多算是一种优秀的讨好能力。情绪管理也不应该是隐藏情绪，它的本质应该是让自己回归平和。如果今天你必须要靠发脾气才能达到目的，那歇斯底里也许就是你最佳的情绪表达方式。

在我来美国之前，我一直就觉得，当老外问你"How are you？"（你怎么样）的时候，你一定要回答 "我很好"，这样会显得有礼貌。直到真的在国外工作生活了一段时间，我才发现原来答案其实还可以是"我不好""我很难过""我很生气"这些带有负面情绪的回答。

人是需要发泄负面情绪的。有时候直接表达你的情绪，也是非常好的。你可以想想，如果我们每天都假装很开心，假装一切都好，结果会怎么样？那样的话就没有人知道你难过、生气、不满意的真实心理了。我们一直以来努力地控制情绪无非就是想给他人留下一个完美的印象，但是你可能不知道，真实地表达情绪，展示一个真实的自我，其实也是在提升你的形象。

二、调整认知，积极思考

当然，身为打工人，很多时候我们没办法真实地表达自己的情绪，这时候怎么办呢？答案就是，去调整认知，往积极的方面思考。情绪感受看起来不可控，但其实他是人主观选择的结果。同样是开车，有人听见后面的人疯狂地按喇叭，以为对方是在挑衅，从而变得气愤、烦躁。而有人听见同样的声音，第一反应却是，自己的车是不是出什么问题了？对方是不是想提醒我什么？结果发现油箱盖没关。同样一个起因，引出两种截然不同的判断，从而引发完全不同的感受和情绪，这就是不同解读带来的结果。一个积极的认知，会让你活得轻松很多，消极的认知不仅会让你经常愤怒、沮丧，而且会让你四处树敌、步履维艰。而调整认知，让自己变得积极起来最重要的一步，就是事实纠错。如果你总是觉得自己的想法很负面、很消极，那请你一定要时常找个相反的维度试着去反驳一下自己，这种自我纠错训练做多了，不仅会让你变得积极乐观，还会让你的逻辑思维能力和判断力也得到大幅提升。

其实，适当的情绪劳作不可怕，可怕的是你要一直这么劳作下去。你看那些演员，整天扮演别人的人生，演绎别人的情绪，不也生活得很好吗？因为他们知道，这部戏就算再长，也一定有个尽头，自己的人生才是最重要的，人不能总是沉浸在别人的角色里。如果你每天还在毫无顾忌地透支自己的情绪而不做出任何改变的话，未来这笔昂贵的"情绪账"一定会积攒到你还不起的一天。

第九节　高阶情绪管理指南

我们学习情绪管理，追求情绪稳定并不是要把自己培养成一名了却红尘、不问世事的得道高僧，也不是非要玩命地控制情绪、压抑情绪。在我看来，情绪既不用控制，同时也不可控制。我们真正应该控制的是"情绪的表达"，不做出让我们后悔的决定。

很多时候我们觉得情绪是一瞬间产生的，就像很多人描述的"我的火噌地一下就蹿起来了"，但其实，情绪从无到有，再到非常激烈也还是遵循一个过程的。简单来说有四个阶段，分别是走心、上脸、开口、动手。走心是最初的本能反应，是不假思索的潜意识层面的判定；接下来是上脸，这时候你的情绪已经激起了你被动的生理反应，比如脸红脖子粗、怒目圆睁，或者是伤心落泪、眉头紧锁、肌肉僵硬

允 许 自 己 做 自 己

等；接着是开口反击，你可能会表达不满，可能会与人争吵；如果你一直任由情绪泛滥，说话已经不足以让你发泄情绪了，最终可能会升级到动手，你可能会摔东西，可能会夺门而出，甚至是与人发生肢体冲突等。这四个阶段越往后走，就越难控制，威力和伤害也就越大。如果能尽早把问题解决在第一、二阶段，似乎是最明智的做法。

了解了情绪的产生过程，还要了解情绪的诱因。通常来说，情绪的诱因有如下几个方面：

1. 消极的认知体系

情绪不稳的人通常会产生一些消极的想法。他们就像是时刻戴着灰色滤镜看待这个世界一样，总是喜欢把别人的言语、行为往坏的地方解读，就好像整个世界要联合起来谋害自己一样。

2. "应该型" 思维

又名 "绝对化思维"或者"必须型思维"。在《麦肯锡精英的思考习惯》这本书里就提到了这种负面情绪背后的错误的思维方式。"应该型"思维是一种刻板的、绝对化的思维方式。拥有这种思维的人，脑子里充斥着"应该""必须""一定""绝不"等极端化词语。一旦带着这种思维模式做事，当对方没有满足他们的期待或要求时，他们的情绪就很容易崩溃。

3. 喜欢积攒情绪

你有没有发现，很多时候我们之所以暴怒是因为我们之前积攒了很多情绪。平时的我们看似包容大度，不拘小节，其实一直在不经意间积攒负面情绪，就像个一直在充气的气球，不知道哪天就会爆炸。喜欢积攒情绪的人往往容易在某一刻"发大火"。所以我们常说，情绪管理如同治水，水不可能消失，更不可盲目地去封堵，越堵越生灾祸。最好的方法是在水势还小的时候，想办法把它排出去。

4. 表达能力差

大多数情绪不稳定的人身上有一个共性，就是表达能力很差。一个表达能力差的人，在负面情绪到达顶峰的时候，往往只会大嚷大叫，摔东西、砸东西，甚至与人发生肢体冲突。因为他说不出他想说的话，或者即使表达了，别人也压根理解不了。相反，具有较强表达能力的人在面对负面情绪时，更可能选择用语言文字的方式来表达自己的感受。英国哲学家维特根斯坦认为：语言的边界就是思想的边界。那些表达能力强的人会将自己的需求、想法和不满表达得更清晰明了，以便他人更容易理解和回应。这种清晰的沟通方式有助于缓解紧张局势，避免不必要的冲突，从而更有效地解决问题，很好地舒缓自己的情绪。在我看来，表达能力是情绪管理里面经常被忽略但却是重要的能力之一。

5. 对情绪的认知缺失

我们之前提到过，情绪作为我们身体的报警器，本质的目的是提醒我们要注意危险。而现在偏偏有很多人讨厌它，希望它消失。这就好比某一天你家里的火警警报响了，你的第一反应是看看哪里着火了或者赶紧逃出去，而不是把报警器砸了。而现在有人对情绪的认知就是停留在"砸掉报警器"的阶段。他们无比讨厌负面情绪，希望负面情绪可以远离自己，他们只想要好情绪，这就会导致一个结果，那就是他们对负面情绪的包容度很差，一旦感觉到一丁点儿不开心，就会很难受，就会不惜一切代价想要阻止它。但这是错误的。正如亚里士多德所说的："人们幸福的法门是总能体会到对的情绪，不管那些情绪是好的还是坏的。"只有在完全理解和接纳自己的各种情绪之后，我们才能够用理性去管理自己的情绪。

当你了解了以上这些常见的情绪诱因之后，再来看看怎样做才能让我们成为一个情绪稳定的人。

1. 觉察情绪

对于很多情绪不稳定的人来说，情绪似乎来得非常快，很多人都没感受到走心、上脸，就直接到了开口、动手的阶段。这是因为他们没有做好情绪觉察。所以，对于这类人来说，最好在走心的阶段就完成一次情绪的觉察。每当有那些"可能让你不悦""可能让你产生负面情绪"的事情发生之前，应提前做出预判，并且在脑子里对自己此时的感受做一个细致的分类和定义：究竟是伤心、焦虑，还是生气？很多人都困惑，这样做有什么用呢？神奇的就是，往往当你识别出自己具体的情绪之后，你的负面情绪也就很大程度地缓解了。不要低估自己的本能，很多时候你的大脑完全知道应该做什么，只不过它在等待你发出的指令。

2. 情绪粒度

美国心理学会主席丽莎·巴瑞特教授在情绪管理方面有很多年的研究，她提出过一个特别有意思的概念，叫情绪粒度。它指的就是我们在不同情况下区分、识别自己感受的能力。情绪粒度比较细的人，他们可以准确地感受并且描述出自己的情绪。就好比我们普通人喝红酒，可能完全喝不出什么感受，但是品酒师来了，不仅品类、甜度、酸度如数家珍，就连什么年份和地区都能准确地识别出来。同样，对于高兴这种情绪，情绪粒度细的人能分清开心、愉悦、得意、激动、狂喜等一系列的高兴情绪；而情绪粒度粗的人没有那么细致的情绪分层，情绪在他们面前是乱糟糟的一团，如果负面情绪来的时候，他们只能感知到"我不高兴了""我生气了"。每种情绪在他们眼里都差不多，所以他们也就不知道具体怎么应对。

那么，怎样才能细化我们的情绪粒度，让我们的情感感知能力变强呢？丽莎教授在《情绪》这本书里给了我们一个特别简单有效的方法，就是"多去掌握一些和情绪相关的词汇，并且把这些词汇和对应的情绪粒度关联起来"。就像我去选油漆，之前我只能区分10多种颜色的油漆，但在装修的过程中，我发现就连家里常用的米色，都有100多种。通过经常去油漆店，后来我可以准确地看着颜色说出油漆的名字，或者看着名字想象出对应的大概颜色，还有它们之间的细微差别。

耶鲁大学情绪智能中心就做过类似的研究，每个星期，学校会抽出二三十分钟时间专门教学生有关情绪的词汇和概念。结果他们发现，学校里的孩子通过学习更多的情绪概念，不仅能够有效地改善自己对于情绪的管理能力，就连社交能力和学习能力也有了很大的提高。

当你的情绪感知能力变强后，针对不同程度的生气，你都会有分门别类的应对方案，那你的情绪管理能力就非常优秀了。你脑子里关于不同情绪的概念越多，你就越容易识别自己的感受，从而找到合适的调节和控制情绪的方法。

3. 认知重评

如果用一句话概括情绪产生的过程，那应该就是：事件→对事件的评判→产生相应情绪。要想把情绪控制在走心或者上脸阶段，你就必须要对事件已有的评判进行认知重评。

比如你坐地铁的时候，有人踩了你一脚，也没有道歉。你最初对这件事的评判可能是：这个人故意踩了我一脚，竟然还没说对不起，真没素质！当你抱着这种评判时，你很可能会生气。而这时候，如果你能有哪怕一秒钟时间停下来，进行一个简单的认知重评，跟之前的结论进行另外一种可能的辩论，也许就能理性地判断这件事了。你可能会想到"他也许就是不小心踩到了我，并且没有注意到"。

认知重评对前面提到的应该型思维也有帮助。每当你被"一定""必须""不得不"这些极端词语绑架的时候，试着用理性跟自己之前的判断做个辩论。通过引入理性思考的方式，引导你重新思考那些让你焦虑、痛苦的事儿，让你在一件事儿发生以后，接纳结果并且无条件地向前看。它可以有效地帮你解决情绪问题，并且有助于你摆脱困境。

认知重评的基本原理其实很简单，就是用理性为感性纠错，让理性占据主导，不让感性做出决策。有个关于认知重评的比喻很贴切：人的理性有点儿像一个正在驾驶汽车的司机，而感性有点儿像坐在副驾驶的小猴子。正常情况下都是司机在开车，猴子在副驾驶看风景。而一旦路面出现危险情况（天气不好、前方事故、后车鸣笛），小猴子就会大喊大叫地过来抢方向盘。认知重评要做的就是不管旁边的小猴子怎么疯狂，司机始终都把方向盘紧紧握在自己手里。

当然有人这里可能会说，你说的这是理想情况，很多时候对方就是有恶意，不管我怎么做，对方的恶意也依然存在，这个时候我们怎么办？我的解决方法是：话题分解，关注事实。

对方说出来的话，一般可以分为两部分：一部分是事实，一部分是情绪。比如你的另一半跟你抱怨："你怎么这么懒，就不能把衣服挂起来吗？"这里面"没把衣服挂起来"是事实，"你怎么这么懒"

是情绪；你的老板呵斥你："这么简单的工作都能出错，你脑子怎么长的？"这里面"工作出错"是事实（当然也可能是老板误会的事实），"脑子怎么长的"是情绪。这个世界上很难有真正的"就事论事"，绝大多数情况也都掺杂了个人的情绪。对方的情绪可以千变万化，但是事实是客观存在的。你要学会把事实从整句话里解析出来，然后把你的注意力放到事实上，而不是纠结在他的情绪里。

在任何你感觉自己的情绪产生波澜的时候，试着用这套认知重评理论，问自己四个问题，拿生气举例，你要问问自己：

① 我在生什么气？

② 还有没有其他可能性？

③ 事实又是什么？

④ 这件事值得让我这么生气吗？

通过问自己这四个问题，其实就是在对那个让你生气的事儿进行重新评价，看看自己之前的判断是否准确、是不是自己对别人抱有不切实际的高期待、是不是自己过度解读了一些东西。

4. 情绪消解

情绪消解是为了让我们的情绪稳定一些，别老大嚷大叫。根据以往的经验，你可能很明白，一旦情绪已经产生了，是很难收回去的。所以这时候，我们就要采用合理的方式让我们的情绪尽量稳定下来，不至于失控。具体你可以尝试以下几个方法。

第一，主动坦白你的感受。

你可以想想，每一次大发雷霆，是不是都是因为觉得自己受到了伤害？愤怒只是结果，起因是自己感到不舒服。而绝大多数人的做法都是跳过对自己感受的表达，直接去指责对方。我们很多人都特别不习惯直接表达自己的感受，可以转换一下思路，"主动示弱"。比如当对方说了让你感到难受的话语时，你可以对他说，"您这么说，我真的很伤心"，后面紧跟你的解释。这时候，对方在听到你的解释后，一定会意识到自己的唐突。

第二，笔记法。

这是一个特别"反人性"的方法，但非常好使。前提是在情绪上头的时候，你的手边最好准备一个笔记本（手机也可以）。比如你在怒火中烧，马上就要控制不住发火的关键时刻，马上拿起手中的纸笔开始记录，就能帮你把当下的感性情绪转换成理性表达，把鲜活的记忆转换成冰冷的文字。从你书写的那一刻开始，很多情绪就被理智化，最终消失不见了。

第三，未来心态。

你可以回忆一下曾经那些让你感到特别痛苦、难过、愤怒的事情，比如失恋、被骗、考试失利、被炒鱿鱼等，不管这件事情有多大或者多小，不管当时是怎样的负面情绪，现在你再来看，原本那些负面情绪还剩多少？事到如今，你会发现，曾经那些"天大的事儿"早就不算什么了。曾经很多不能接受的事物，随着时间也已经慢慢淡然。这也就是未来心态的作用。当前不管碰到什么糟心事儿，产生什么负面情绪，给自己一个心理暗示，让自己站在未来看现在，你会发现，不管是多大的事儿，时间拉长，都不算事儿。

第四，幸存者心态。

我们从小就被教育要努力、上进、跟厉害的人比，每当这时，我们就特别想问出那句："凭什么不能是我呢？"如果你能把这种心态用在对待挫折、逆境上，也许你会变得释怀。凭什么好事儿都得围着自己转，坏事儿就得躲着自己走呢？把你的期待调低，想想今天所拥有的一切已经是老天眷顾了，已经比很多人都要幸福了，时刻抱着一种幸存者心态生活，多做加法，少做减法，你会变得更加积极，你的情绪也会更稳定。

第五，"逃避"无罪。

现在很多人都存在一个误区，他们觉得如果情绪上来了，"逃跑"是一种很㞞、很无能的表现。夫妻俩吵架了，朋友之间闹矛盾了，跟同事发生口角了，如果其中一方在争吵过程中回避，那就是"拒绝沟通""不想解决问题"，就是冷暴力。有这种想法的人可能多多少少有点儿缺乏理性思考。你可以想象一下，两个情绪都快失控的人，这个时候你让他们沟通，让他们换位思考，让他们解决问题，他们能办到吗？对于一个火气很大，一点就着的人，你在他的气头上跟他讲道理，你觉得他能听得进去吗？不分时宜、不分场景地盲目沟通，有时候还不如不沟通。所以有时候我们说，暂时的逃避并不是拒绝沟通，相反，这是为了保护彼此，避免事态的进一步恶化，为了在双方情绪缓和之后可以更好地沟通。对于某些情绪管理能力比较差，表达能力也相对较弱的朋友，如果实在情绪上头控制不住了，在做出让我们后悔的决定之前，你可以选择逃避，转身离开那个环境，帮助你争取缓解情绪的时间。

当然，在你"逃离现场"之后，你需要找个机会把它发泄出去。当然，发泄到争吵对象身上是很危险的，你可以选择跑步、洗澡、打沙袋或者干脆找个人聊聊。做这些事可以让你与那些不愉快的事暂时隔离开，等你缓过神来，负面情绪已经消失了。当然，充分缓和之后，不要忘记回过头去沟通和解决问题。

在我看来，情绪管理并不是一朝一夕就能实现的，它涉及心态的调整、思维的训练和习惯的养成，这需要一些时间和持续的总结。所以，请你不要着急，也请你一定相信自己可以变得更好。

第二章

一起聊聊性格这件事

性格到底是不是天注定？是不是后天不能改变？我很讨厌自己现在的性格，应该怎么办？在这一章内容里，我将带你了解性格的真相。我们将通过介绍几种典型的性格问题和相应的缓解方案，带你全面地了解不同的性格。我们会探讨性格之谜，让你了解到性格的形成原理以及它是如何影响我们日常生活的。我们也会深入探讨为什么性格对我们的成功与失败具有重要意义以及如何在性格的基础上发掘自己的优势与潜力。

第一节　性格之谜

一、性格真的不可变吗？

性格是社会定义下的个体对待周遭事物的态度，由一个人的言行表现出来。每个人因为性格不同都会表现出独特的思维、觉察和行为模式。目前主流心理学理论认为，人的性格可以分为先天（基因）和后天两部分，大概各占 50%。倾向于用神经科学分析性格的人通常会把先天部分所占的比例扩大一点；而倾向于用心理学分析性格的人通常会把后天，也就是由家庭、学校、社会对其影响塑造的部分所占的比例放大一些。关于性格，我们通常听到"江山易改，禀性难移"这样的话，人们通常会认为性格一旦形成就很难改变了，真的是这样吗？

绝大多数人之所以认为性格无法改变是因为他们把性格跟气质混淆了。我们经常形容一个人"性格安静或者好动""性子太急"，其实都是在讲人的气质。心理学范畴下的气质通常指的是在人的认知、情感、言行活动中，当心理活动发生时，人的情绪力度大小、变化快慢以及均衡程度等呈现相对稳定的动力特征。气质更多地受先天生理条件的制约，而性格则更多地受社会生活等后天条件的制约，所以气质不好改变，可塑性不强，而性格则可以改变，认知、经历、环境对性格都有很强的影响。就比如后面章节我们要讲的高敏感人格，这类人对外界环境的刺激会比一般人更敏感，捕捉细节的能力更强，他们非常容易受到环境变化的影响。

所以，人的每种气质均有利有弊，没有好坏之分，它是基因决定的，不受我们控制，每个人的气质都有其存在的意义。而对于性格来说，后天习得的部分占了很大比重，一个人对事物的态度，他的意志力、情绪特征、习惯的行为方式等都可以被划分到性格里。所以性格的可塑性很强。就像美国伊利诺伊大学厄巴纳－尚佩恩分校的心理学家布伦特·罗伯茨说道的："性格是一种不断发展的现象。它不是你无法摆脱与克服的静态东西。"

1960 年，美国心理学家调查了超过 44 万名高中生。这些学生回答了各种问题，包括他们对不同事件、情况所做出的反应。50 年后，研究人员追踪了这批学生中的 1952 人，并对他们进行了相同指标的调查，结果于 2018 年发表在美国《个性与社会心理学》杂志上。研究发现：在冷静、自信、领导力和社交敏感性这几个特质方面，如今这些高龄参与者的表现比他们年轻时要好很多。很多纵向的研究结果都有类似的发现，它们向我们证明了至少两件事：一是人的性格确实会改变；二是随着岁数增长，性格倾向于变得更好，有的心理学家称其为成熟原则。

二、性格变化的诱因

人的性格发生变化基本离不开以下这三大类原因：

1. 年龄增长

我们刚才提到过，大多数人的性格会随着年龄增长而变好。这里的"好"只是社会层面的好，比如成熟稳重、情绪稳定、责任心强等。有研究发现，多数人的责任心在二十岁后会增加，沉稳、淡定这些性格特质会在三十岁左右有显著改善，而内向、外向这类特质则相对稳定，随着年龄的增长变化不大。

2. 重大事件

特殊的人生变故、生活经历、外界环境的变化，比如分手离异、亲人离世、投资失败、工作被炒等，都有可能导致我们的性格发生改变。正常情况下，我们每天日常所经历的事情很难对我们的认知产生本质的影响，但是当外界的刺激足够大，大到可以打碎我们之前的固有认知的时候，性格就可能因此发生变化。所以，常有人说"受伤会让人成长"，就是因为它足够痛，痛到改变了我们的性格。这在社会心理学上被称为贝勃定律，说的是，当人经历强烈的刺激后，之后施加的刺激会变得微不足道。

3. 自我觉醒

我从小就是比较内向，跟外人说话都会脸红的人，后来我发现这种性格不仅给我的生活造成了很多不便，就连平时工作跟人接触都是问题。再到后来开始做管理工作之后，我发现如果继续这样下去，以后自己的发展都会受影响。想到这里，痛定思痛，我决定改变。经过长达两年的不懈努力，我终于克服了自己性格里的弱点，变得不再那么内向，甚至可以非常自如地跟陌生人交流了，在各种活动中也是大家眼里的活跃分子。当有些人听到我以前是内向性格的时候，都表现出一副不可思议的表情。这就是所谓的自我觉醒。

我周围有很多人都跟我有类似的情况，因为"不主动就没有业绩""不开口就丢了工作""不社交就没有出路"，于是他们被迫养成了某些新习惯。久而久之，新习惯代替了旧习惯，性格也就跟着改变了。当然，除了这些情况以外，读书也是一种很好的改变性格的方式。我身边也有一些人，他们就是因为看到了某些书，经过思考和顿悟之后，从此转变了人生方向。

三、了解自己的性格

目前，人们有很多性格分类方式，比如九型人格、色彩人格、荣格性格等。其中，MBTI 人格测试是我见过的最准确、最高效的测试手段之一，它也是受很多人力资源师、职业生涯规划师、婚姻咨询师青睐的测试手法。MBTI 人格测试将性格分为 16 种类型，它是基于著名心理学家荣格的理论设计出的人格测试方法，透过问答题目，分析结果，可以看出你的性格属于内向型或者外向型以及你的价值观。通过这种方法测试出的人格类型除了对职业选择非常有用之外，对于发现适合自己的另一半也特别有帮助。

这16种人格类型分别为：与外界的互动（内向型Ⅰ、外向型Ε），接收信息的思考（理智S或直觉Ν），做决定的判断（逻辑Τ或情感F），还有生活态度（判断J或感知Ρ）。你可以在网上轻松找到这份测试，大约10分钟就能做完，然后你就会得到一个代号，比如ENFJ是教育家，ISFP是艺术家，ESTP是实干家，等等。每一种划分都会对应一种具体的人格，你也会了解到自己的性格适合什么职业等细节。当然，我们每个人都有不同的性格特点，很难用一种测试准确地概括自己的所有性格特质。而且，人的性格也在不断变化，也许三年以前测试的结果，今天已经不适用了。但这仍然不失为一种对自己性格的了解和对自己的认知。

四、如何改变性格中的弱点

通常情况下，性格无须改变。每个人的性格都像是一块块形状各异、五光十色的宝石，每种性格都有它存在的意义。改变性格是痛苦且漫长的过程，如果你性格里的劣势对你的生活并没有造成明显的影响，不建议你去改变它，或者至少不用改变性格的全部。但是如果你已经深受其扰，迫切想要改变了，那接下来我会给你介绍一些具体的调整方法。

1. 觉察你的性格问题

你要从心底意识到你性格中存在的问题，比如你有点小气，不舍得花钱，不仅对别人抠门，对自己也非常吝啬，经常被人诟病。可能一直以来，你都觉得这样的性格无所谓，无非是被朋友嘲笑两句，直到某一天你的伴侣因此离你而去，你才有了改变的动力。再比如，有的人脸皮薄，很多事都不好意思开口，习惯吃点小亏，觉得没有太大问题，直到有一天，在工作中因为不好意思为自己争取而丢失了本该属于自己的升职机会，这时候才意识到脸皮薄的问题。承认自己性格的缺点，你就有了动力；明白性格是可以改变的，你就有了希望。接下来就是方法了。

2. 了解性格的成因

性格是一种思维模式，是你对事物的态度，是你长期被训练出来的习惯。想要了解性格的成因，你就需要搞明白，过去的哪些训练让你养成了今天的习惯。举个例子，我的好朋友阿明，一直以来性格都比较内敛，不善于表露自己的真实想法，探究之后发现，原来阿明的妈妈非常强势，阿明从小就因为害怕惹怒母亲而不敢表达自己的意见。再比如性格中比较小气的那种人，经过心理咨询发现，过度节约的原因是他的父母就是那种非常节俭的人，自己从小就被灌输"父母挣钱很辛苦"的观念，这就让他产生了"每花一分钱都是在消耗父母"的错误认知，使他有时当用的开支也不敢用。当然，性格的形成原因不一定就完全出在原生家庭，也有可能来自学校、社会等。通过探寻答案，我们就能了解自己性格的成因。

3. 找到正确的榜样

了解到性格的成因后，接下来我们就可以通过反复训练一些正确的习惯来纠正性格里的缺陷。在此之前，你需要明白那些正确的范例究竟是什么。最直接、最简单的方法就是找到生活中那些活生生的榜样，去观察他们的行为，去跟他们交流，看看他们的言行举止、处世方式、生活习惯等，通过长时间的刻意练习，也许就能慢慢得到调整。

4. 创造新身份

有一句经典名言叫"假装到自己成功为止"。如果你希望自己可以拥有领导者的性格，那就假装自己是个领导者；如果你想要活出个性、活出自我，那就假装自己是一个比较有个性的人。先假装自己是"罗马"人，再慢慢拓展"通往罗马的路"。通过找到正确的榜样来为人处世，让自己的所思所想、一言一行统统按照榜样来进行，慢慢地，你的性格自然也就改变了。

改变性格的过程一定是辛苦的，甚至可以说是痛苦的。这是一个从认知到行为的完整颠覆，不是一天两天可以完成的。因为你要对抗的是很多年的惯性。在这个过程中，你一定会千百次地想要放弃。但是，不管任何时候，请您都不要给自己找借口，要竭尽所能地克制住自己那颗想放弃、想妥协的心。实在不行，就想想你当初的性格让你有多痛苦，让你有多想改变。要对自己有狠心、有耐心，更要有信心，坚信自己是一定可以做到的。

第二节　性格内向怎么办

我不知道有多少正在看这本书的朋友像我一样，从小就被定义成了"不合群""没朋友""孤僻古怪"的内向性格？明明只是一种普通的性格类型，但是内向性格这么多年却被无数人扣上了"性格缺陷"的帽子。从小开始，不管我取得多好的成绩、多大的进步，也不管我有多乖、多听话，老师嘴里都是那句："这孩子哪儿都好，就是性格有点儿内向。"社交里也是一样，当陌生人知道我是内向性格之后，都会莫名其妙投来同情的眼神，就好像内向性格是什么"绝症"一样。但是事实真的是这样吗？内向性格真的有那么差吗？我到底应不应该改变？

一、内向性格——重度思想者

著名心理学家卡尔·荣格在 1921 年率先提出了"外向"和"内向"

的概念。这两种性格特质的本质区别在于心理能量指向不同。对于内向的人来说，他们的能量更多地指向内部，他们对内心世界更感兴趣，更喜欢安静、独处、自省和思考。而外向的人恰恰相反。不管是内向还是外向，都只是心理能量指向不同，所以这两种性格并没有优劣之分。据数据统计，世界上大多数世俗意义上的成功者都是性格内向的人，像爱因斯坦、比尔·盖茨、巴菲特、迈克尔·乔丹、周星驰、马化腾、张朝阳、斯皮尔伯格、村上春树，还有数不清的科学家、艺术家、公司领导者等，都是内向性格。内向的人有很多得天独厚的优势，比如：

1. 强大的专注力

内向的人更喜欢独处，不爱社交，他们喜欢在自己的世界里享受一个人的时光。他们适合从事需要深度思考的职业，比如编程、设计、科研、艺术等。也正是因为深思熟虑的特质，内向型性格的人的决策质量会很高。所以，每次当有朋友问我有关职业规划的问题时，我大都能给出比较具体的解决办法。

2. 优秀的共情能力

内向的人一般洞察力会比较强，他们非常善于留意周围的环境变化，善于倾听，而且也通常会三思而后行。他们在说话做事时会给人面面俱到的感觉，让人很舒服。如果你需要讨论比较深奥的问题，或者当你有心事需要找人倾诉时，建议你求助内向的朋友。

3. 极强的单独沟通能力

内向性格的人虽然不太擅长与人社交、做公众演讲或者组织活动，但是他们却有超强的一对一沟通能力。因为内向性格的人通常比较善于察言观色和倾听，这也就使得他们非常擅长一对一沟通。所以，内向性格的人也非常适合从事心理咨询师、大客户销售、人力资源管理、咨询师这样的职业。

二、内向性格有错吗

既然内向性格有这么多优势，为什么还会有这么多人诟病或者不愿意接受它，甚至在有些文化里被贬低成"次等人格"，常常让人联想到敏感、怯懦、孤僻、失败者这些词呢？我觉得主要原因有两个。其一，外向性格的人占大多数。据统计，内向和外向性格的人在人群里的比例是1:3，内向的人属于少数，占多数的一方永远都会觉得自己是对的。其二，我们一直在不遗余力地宣扬外向文化，倡导沟通要有热情、有魅力、有说服力、充满活力。正是这些主流价值观让人们对"外向性格"有了一种盲目崇拜，人们认为这才是一个正常人该有的样子，而忽略了性格的多样性。

对于内向性格的人来说，长期生活在这种环境下，就会感到难受。虽然他们也想保持热情、与人社交、招人喜欢、得到别人的认可，但这些恰恰不是他们擅长做的事。时间长了，他们就会觉得自己不正常，甚至是病态的，进而产生情绪内耗。

三、 内向 vs 外向

很多人一提到内向性格，脑子里就会出现害羞、不善言辞、孤僻之类的词，但很多关于内向的描述只是人的刻板印象。内向性格和外向性格的区别究竟在哪儿？美国作家苏珊·凯恩在《内向性格的竞争力》一书里总结了三点关于内、外向性格的差异，它们分别是：

1. 对刺激的反应程度不一样

内向性格的人会更敏感。曾有实验者把柠檬汁同时滴在内向者和外向者的舌头上，结果显示，内向的人分泌的唾液会更多。再比如，让实验对象自由调节音乐的音量大小到自己感觉舒服的程度，结果显示，内向者平均达到 55 分贝，而外向者通常达到 72 分贝。在社交场景中，内向的人喜欢一对一，他们觉得这种刺激程度刚刚好，自己很放松。要是人数一多，他们的防御系统就会被唤起，就开始紧张。过一段时间之后，就会感觉特别累，想要一个人静静。

2. 精力来源不一样

外向的人像一个太阳能电池板，必须要有别人在，有人和他互动，有社交，他们才能吸收到能量，刷出存在感。而内向性格的人，他们像一块蓄电池，他们会从自己的内部世界来获取能量，要一个人待着的时候，他们才能自己给自己充电。他们一和别人接触就开始放电，接触的人越多，放电的速度就越快。

3.思考路径不一样

内向型的人一般想问题比较慢，比较深入，他们喜欢保持专注，喜欢那种能一头扎进去就不管不顾的工作；而外向的人可受不了这个。社交里，内向的人善于倾听，他们喜欢就一个话题使劲往深了聊，外向型的人喜欢在很多个话题中间反复横跳。

四、 内向者的救赎

不管是内向还是外向性格，一定都有各自的优势和劣势，但是我们也不得不承认，在当前这个社会环境下，外向性格的人一定在某些方面是比内向的人更占优势的，比如他们在社交、公众讲话、职场机会的争取上更有优势。身为一个内向者，我们要做的就是取长补短。性格虽然很难改变，但是行为和技法却可以调整。规避弱点之后，我们的性格就会光芒万丈。以下介绍一套非常具体的做法：

1.特定时间外向法

在特定时间里，有目的性地伪装成外向者。这点特别重要，如果做不到，那么你的才华极有可能被埋没掉，因为没有人知道你的能耐。

允 许 自 己 做 自 己

具体做法，你可以跟自己做个约定，在职场上做事或者从事商务活动的时候，短暂地变成外向者。在扮演完外向性格之后，赶快给自己找一个安静的地方恢复一下电量。这份放在心中的契约，可以帮你获得足够的内驱力，来完成从内向到外向的短暂转变。

2. 福尔摩斯观察法

有时候内向的人进入人多的环境会特别不知所措，会紧张尴尬。这是因为内向性格的人内心有一台时刻对准自己的摄像机，太关注自己的感受，这与我们之前提过的聚光灯幻觉类似。而福尔摩斯观察法，就是让你把这台摄像机的方向对准别人，去观察别人，比如通过他们的衣着推断他们的性格，通过他们的言谈举止推测他们身上的故事，听听他们都说了什么、做了什么，等等。关注点转移到别人，你就不会紧张了。

3. 提前准备

内向性格的人是慢思考的典型，如果你想要在社交过程中掌控全局，表达自我，就必须要做好充足的准备。很多人对于表达都有一个错误的认知，认为这是一种天生的能力。就好像外向的人就一定口若悬河，内向的人就一定不善言谈一样。但是你可能不知道，很多脱口秀表演者，相声、小品、舞台剧演员其实都是内向性格，很多台上风趣幽默的脱口秀演员，其实在私下生活里是非常平淡无趣的人。因为工作的原因，我平时会接触到一些非常优秀的脱口秀演员，在一起吃饭的时候，我甚至会怀疑面前的这个人是不是我在舞台上看到的那个人。为什么会有这么大的反差？就是因为"准备"。这些人为了上台而做好了充足的准备，所以才能呈现出台上那个神采奕奕的精神面貌。所以你看，即使是每天靠语言吃饭的人，如果不准备都无法正常发挥，更何况是我们普通人了。

4. 社交时限

像我之前提到的，内向的人是个蓄电池，社交久了，容易耗尽电量，就会煎熬、焦虑。一个人在社交中可以承受的最长时间被称为社交极限。对于内向性格的人来说，一定要明白自己的社交极限大概是多久，到了极限会有什么感觉以及多久能够再次满血复活。当你对自己有一个大概了解之后，提前给每一次社交定一个结束时间，严格遵守。时间到了，找个理由离开就好。

5. 降低预期

如果你不善言谈，并且也没有提前做过准备，那么在社交的时候，你可以提前说清自己的性格特点，来降低对方的预期。比如你可以说"我这人不善言谈，您可别见怪""我有点儿内向，千万不要觉得我不热情"等。对方的预期变低了，自己的压力卸掉了，社交表现就很容易变好。

允 许 自 己 做 自 己

在本节结束之前，我想强调一下我认为内向性格的朋友最应该注意的事儿，那就是别给自己设限。"限"从何来？从我们的父母、师长、同学、朋友、那些外向人群的认知里来。你可能从小就被告知，内向性格的人做不了销售，当不了老板，做不了演员和歌手，做不了一切与人打交道的事儿。于是你心灰意冷，觉得自己天生就跟这些事情无缘，觉得自己就只能跟无聊的机器和数字打交道，觉得自己就一定"嘴笨""情商低""性格差"。但是今天我必须告诉你，这些统统是他们基于对于内向性格的有限认知带来的刻板印象。其实，大多数优秀的销售都是内向性格，因为内向性格的人善于一对一地高效沟通以及快速洞察客户的需求。当今这个时代最稀缺的就是在一个领域专注，并且做深做透的人，这恰恰是内向性格的专长。

当我翻遍了几乎所有有关内向性格的畅销书之后，我发现几乎所有叙述都忽略了我认为内向性格最大的优势，那就是内向者一旦"假装外向"到技术成熟之后，在综合社交能力上会完全超越外向的人，这在我周围无数的朋友身上都得到了证实。因为社交技能无外乎熟能生巧，但是洞察细微的能力、深度思考的能力、共情力、创造力，这些可不是那么容易就能培养出来的。所以内向性格的朋友，我想再次强调一遍：不要给自己设限。不要给自己的不敢做、不想做找理由。性格不应该成为你的阻碍，没有什么事儿是你不能做到的。

第三节　高敏感是种天赋

当下特别流行一个词语叫钝感力，意为从容面对生活中的挫折和伤痛，对很多事做到"不在乎"和"无所谓"。生活中，你也一定或多或少地被别人劝过："不要太敏感""不要想太多""不要玻璃心""要控制""要宽容""要放松""要迟钝"。不知道从什么时候开始，敏感已经成了贬义词，似乎这个世界上所有人都应该是大大咧咧甚至是麻木不仁的。

你可能不知道，世界上有一部分人是与生俱来的高敏感人群（敏感度高于常人）。高敏感人群对外界刺激的反应会比一般人强，他们的耳朵能听见更广的频率，他们的味蕾能接受到更丰富的味道，对周围事物的感受比一般人强烈。在生活里，如果你发现自己对声音、光线、味道非常敏感，非常能共情，总怕给别人添麻烦，总想着照顾到周围人的情绪，总是容易自我怀疑，别人的一句批评会让你久久不能释怀，那你大概率就是高敏感人群。

一、高敏感是把双刃剑

高敏感这个概念最早由心理学家伊莱恩·阿伦（Elaine Aron）博士于 1997 年提出，她用"DOES"四个字母概括了高敏感人士的共性：

·深度处理（Depth of processing）：有研究表明，高敏感人士

允 许 自 己 做 自 己

会更多地调用大脑里与深层级信息处理相关的部分，他们大脑的"脑岛"区域比常人更加活跃。"脑岛"为大脑的岛叶，是大脑皮质的一部分，它可影响脑干的自动功能，又被称为"控制中心"，它还可以控制很多感觉和情绪的产生。

·过度刺激（Overstimulation）：高敏感人士更容易受到过度刺激而产生不适感，所以为了避免这种不适感，他们往往会对可能发生的刺激场景产生回避心理，甚至焦虑。

·情绪反应（Emotional responsivity）：高敏感者对于积极、消极的事儿所产生的反应会比一般人强烈。

·对细微之处敏感 （Sensitive to subtleties）：高敏感者通常会关注到一些被常人忽略的细节，他们对事物有极其敏感的洞察力，比如衣服的质地、食物的味道、色彩，甚至能敏锐地察觉别人的情绪变化。

一直以来我们都有一个误区，那就是认为高敏感是一种病，是一种性格缺陷。事实上，高敏感既不是病，也不是缺陷，相反，它是上天给我们的一把双刃剑，既是诅咒也是祝福。就像心理学家荣格所说："高度敏感可以极大地丰富我们的人格特点，只有在糟糕或者异常的情况出现时，它的优势才会转变成明显的劣势。没有比把高度敏感归为一种病理特征更离谱的事。如果真是这样，那世界上 25% 的人都是病态的了。"

　　为什么说高敏感是一把双刃剑？因为发达的神经系统，优秀的感知能力、共情能力会让你拥有丰富的内心世界，这也就意味着你能观察到、感受到很多别人注意不到的细节，你对信息的分析加工能力也更强。但是与此同时，太多琐碎的细节会迅速填满你的大脑，放大过的感受也会强烈地冲击着你的神经系统，让你不堪重负。

　　另一个关于高敏感者常见的误会是，很多人都以为他们很容易情绪失控，容易歇斯底里。但事实上，在《人格与个体差异》期刊上的研究发现，高敏感者往往能比常人更好地管理自己的情绪。该研究发现高敏感人群往往会有更好的感受处理能力。该杂志在 2015 年 3 月对 166 名有抑郁倾向的英国女孩进行了一项心理健康实验。这些女孩在 12 周内接受了心理健康疏导和教育，结果让人十分惊讶，其中只有高敏感女孩的抑郁症状有所减轻。通过这个实验研究者认为，高敏感人群会比普通人更容易将所学知识进行消化、吸收并加以应用。

　　还有一个关于高敏感人群的误解，就是认为高敏感者都是内向型人格。高敏感的人确实不怎么热衷于社交，所以他们通常会被误认为是内向的，但在心理学家伊莱恩·阿伦的研究中发现，高敏感人群中有 30% 的人是外向性格的人。正是因为高敏感者通常不太热衷于社交活动，喜欢独处，而这些特点又刚好与内向性格的人群重合，所以人们才会误以为高敏感人群都是内向的。实际上这二者并没有什么必然联系。

　　也许很多高敏感的朋友一直以来都有一个疑问，那就是"我怎么才能别那么敏感"？看到这里你应该明白了，高敏感是与生俱来的，没有什么办法改变，而且你也没必要改变。很多拥有高敏感特质的朋友总想把敏感藏起来，却从来没有意识到，正是高敏感才让他们向世界深处生长，正是因为高敏感让他们看到了世界的丰富。所以与其关心怎么能"别那么敏感"，你更应该问自己的是"如何合理地利用这把双刃剑，让它助自己披荆斩棘，同时别误伤到自己"，这才是你真正应该关心的事儿。

二、让高敏感为你所用

首先，你应该学会接纳自己。如果你是高敏感人士，当你接受这个性格之后，你就会发现，其实你没有必要非让自己变得钝感，更没有必要去迎合别人的想法和期待。你只需要做一些非常简单的调整就可以活得很舒服，比如学会拒绝别人，学会主动屏蔽一些信息，学会跟一些人和事儿划清界限等。最关键的，就是学会以一种让自己舒服的方式活着。

其次，你应该学会捕捉正面信息。高敏感的人特别喜欢关注那些消极负面的东西，然后在脑子里放大，最后情绪崩溃。这确实是很多高敏感人士的"通病"。我们过去讲过，所有的情绪都来源于你对事物的解读、来自你的认知。就比如，同样面对"同事没跟你打招呼"这么一件事儿，有人就能解读成"他没看见我""他可能很忙"；也有人能解读成"他讨厌我，所以故意不理我"。事实究竟怎么样，我们不知道，可能也永远不会知道，但是怎么解读，全看你自己。在我看来，高敏感只是个放大镜，是个倍化器，仅此而已。负面消极，是你的问题，不是性格的问题。

这点我觉得自己做得比较好，很多负面消息比如朋友被骗、投资失败、亲人离世等确实会给我当头一棒，让我很久都缓不过来。但是绝大多数情况下，面对那些事实不太明朗的局面，我都会把它往好的方面解读。这种把事物往积极方面解读的能力，是我后天养成的。这里我有几个刻意练习的方法推荐给你：

·自我观察：要意识到自己更容易把哪些事物往负面解读。路怒，办公室矛盾，还是人际关系？找到那些具体的场景，然后在脑子里标记下来。每当遇到类似的问题，都要尝试识别出那些消极的想法。

·挑战消极想法：当发现自己陷入消极思维时，要学会质疑这些想法。尝试找出这些想法背后的证据（引入理性思考），考虑是否有其他更积极的解释。

·列举积极因素：对于每个问题或挑战，试着列出至少三个积极的方面。这个方法会帮助你关注问题的正面影响，从而缓解消极情绪。

·积极日记：每天花点时间回顾一下自己在生活中所遇见的好事，无论大小，记得每天都要做。这种感恩训练能有效地帮助我们更好地关注生活中积极的方面，培养乐观心态。

允许自己做自己

一开始，面对一件事儿，你可能需要强迫自己多思考几种可能性，想问题尽量全面一点，努力把思绪往好的方面引导。慢慢地，这种思维模式就形成了，你的情绪自然也会变得好很多。

另外，很关键的一点，高敏感者一定要非常清楚地知道自己的刺激源和它们对自己的影响。比如有的高敏感者不喜欢人多的环境，那就尽量在做事时选择那些低刺激的环境；如果你觉得跟很多人聊天应付不过来，那就尽量选择一对一的模式。或者在多人场景里带上自己的熟人朋友一起，这样可以有效地减少不适感。《高敏感人群的生存指南》一书的作者泰德·泽夫就是一名高敏感者。他非常热爱旅行，但是他又时常会被途中的各种噪声困扰。当他意识到自己对声音非常敏感之后，他会主动戴上隔音耳塞。你看，就是这么简单的一个小改变，问题就解决了。没有谁的性格是绝对完美的，大家都有这样那样的问题，与其抱怨自己的性格有多糟糕，不如积极行动，扬长避短。

最后，你应该学会利用高敏感。就像我开头说过的，高敏感其实是一种天赋，只不过很多人把它用在了错误的地方。你的共情力、创造力、观察力、分析力都会比一般人要强，但是如果你把它放到消极负面的东西上，就会白白浪费你的精力和情绪。当负面情绪上头了，就想办法把这些负面想法当成燃料，然后去帮助我们做一些事儿。比如我忧郁、难过的时候会去写文案，这种时候真的会文思泉涌；当我愤怒、生气的时候我会去健身，天然的精神氮泵让我动力百倍。所以从某种程度来说，我用这种方法把高敏感性格里不那么友善的一面变废为宝了。

说了这么多，只是想让所有饱受高敏感困扰，并且总想着改变自己的朋友知道，高敏感这种特质很普遍，你并不孤单。同时我也希望你不要把它当成性格缺陷，而把它看成一种未开发的天赋。既然是天赋，为什么一定要改？在你没有驾驭它之前，可能你会不适应，会受到伤害。但是总有一天，我相信你也会像我一样，发现它的巨大优势。

第四节　自卑与自信

有一个妈妈带着双胞胎儿子去动物园看老虎。当小家伙们目不转睛地看着玻璃里的老虎时，不知道受了什么刺激，老虎突然就冲玻璃扑了过来，两个大巴掌狠狠地打在玻璃上。此时此刻，这对双胞胎兄弟中有一个被吓得赶紧躲在了妈妈的后面，裤裆瞬间湿了；而另一个却纹丝不动，还问妈妈能不能往里面扔石头去教训老虎。为什么基因相同的两个小孩儿在面对恐惧时，反应却是完全不一样呢？

答案就是："大脑对恐惧的编程不一样。"我们每个人后天的很多表现，比如自信、自卑、积极、消极、勇敢、懦弱等，都是我们依据外界的刺激和反馈不断地给自己的大脑"编出来的程序"。所以，当一个人自卑时，说明他的大脑早已设定好了这样的程序。导致自卑的原因有很多：

允 许 自 己 做 自 己

·社会比较理论：根据美国社会心理学家利昂·费斯汀格的社会比较理论，人们通过将自己与他人进行比较来评估自己的价值和能力。当个体发现自己在某些方面不如他人时，容易产生自卑感。举个例子，假设你从一所普通高中考进了重点大学，原来是学霸的你，一下子发现你的大学同学都是各省市的状元，自己的光环瞬间消失了，便会产生自卑感。

·父母的教育方式：家庭环境和父母的教育方式对孩子的自尊心有很大影响。过度批评或忽视孩子的父母可能导致孩子产生自卑感。

·失败经历：多次失败的经历可能会导致个体对自己的能力产生怀疑，从而产生自卑感。

·被欺凌和排斥：在社交环境中遭受欺凌、排斥或歧视可能导致个体对自己的价值产生怀疑，从而陷入自卑。

·心理动力学观点：根据弗洛伊德的心理动力学理论，童年时期的挫折经历可能会导致潜意识的自卑感。

·认知行为观点：根据认知行为心理学，自卑感可能源于对自身的不合理期望和错误认知。例如，个体可能不切实际地期望自己在各个方面都达到完美，而忽视了自身的劣势和能力。

不管诱因是什么，从本质上来讲，自卑是后天习得的。伊万·约瑟夫博士在他的 TED 演讲里也提出了相似的观点。他发现，自信并不是一个人与生俱来的特质，不是刻在基因里的东西，而是一种可以养成，也可以丢弃的能力。

自卑有时候能给我们带来一些好处，它让你永远低估自己的能力从而避开危险，避免做出超出自己承受能力的决定。但更多情况下，人们还是认为，自信勇敢的人会更招人喜欢，也能获得更多的机会。那究竟怎么才能消除自卑，给大脑"重新编程"，让自己变得自信呢？

一、打破自卑循环

生活中，有很多事情会让你变得自卑，有一些可以通过自身的努力调整去改变，比如长相不佳、穿着土气、身体肥胖等，通过我们的努力，可以让自己改变形象和面貌，变得自信。但有一些是很难改变的，比如不幸的童年或者来自某些人的嘲笑，甚至你会因此变得越来越自卑，形成了恶性循环。想要变得自信，你就得学会去打破这个"自卑循环"。

现在，想一想哪些事情曾导致了你的自卑，请你在纸上详细地列出来。针对这些原因，你可以制订相应的计划，去做出改变。比如知识量不够就去大量读书，身材不好就去健身。当然，改变是不容易的，正因为你日积月累的付出和努力，你的自信心才有可能得到一点点提升。就拿我来说，几年以前我会对公众演讲非常抗拒，每次需要在众人面前说话时我都会面红耳赤、心跳加速，说起话来也是磕磕巴巴，完全没有自信。后来我意识到了问题，参加了演讲训练营，随着日复一日的锻炼，我真的能感觉到，自己在公众面前说话的底气在一点点增加。

二、一个积极的环境

我们每个人身边都有很多朋友，这些朋友大致可以分为三类："铁瓷""损友""酒肉朋友"，如果你是偏自卑类型的性格，可以多跟那些能让我们感觉良好的朋友在一起。因为很多时候，我们的自信来自外界的肯定和赞美，就连我们对某件事的热爱程度都跟外界的评价有很大关系。当你的某种行为或者爱好被很多人夸奖，自信就建立起来了；得到的赞美越多，你的自信心就越强。有一项针对大学足球队的调查结果显示，那些经常鼓励队员的教练带来的平均成绩，远远高于那些经常责备谩骂球员的教练。由此可见，一个积极正向的环境对人的成长有多重要。

有些时候，我们身边可能没有可以鼓励我们，给我们积极正能量的人，怎么办？答案就是"自我鼓励"。很多自卑者都有一个不好的习惯，就是他们总是想着否定自己。我们都知道，想法可以影响行动，若你的想法都是消极的、否定的、自我批判的，那你怎么可能会自信？所以身为一个自卑者，要想改变你脑子里的固有的"自卑程序"，你应该每天在心里多对自己说一些自我肯定的话，比如"我能行，我是最棒的"，要把这些话刻在自己脑子里。只有你的想法变得积极了，你才能自信起来。

三、熟能生巧

伊万·约瑟夫博士曾经讲过一个特别有意思的故事。他们大学橄榄球队来了个新人，水平很低，连球都接不好，因此特别自卑，不知道该怎么办，甚至感觉自己没有天赋，想要退出球队。伊万博士告诉他一个特别简单的方法，就是每天对着墙练习接球，每天雷打不动地接 350 个球。8 个月后，这个新人的手简直跟钳子一样紧，在比赛中的发挥也异常出色。所以，要想让自己变得自信满满，就要不断重复去做事。一件事重复几百遍之后，什么紧张的情绪都会消失。

几年前，我被上司提拔到了管理岗。身为一个零管理经验的人，要独自领导一个当时在微软非常重要的组，并且组员来自全世界十多个不同的国家和地区，压力可想而知，在受命之前我犹豫了半天。在此之前，我是非常自卑的，实在不自信可以胜任这个职位。毫不夸张地说，那时候我连每次开电话会议都是紧张的，生怕自己说错了话被人在背后议论。这种自卑感持续了很长一段时间，直到有一天，一个很偶然的机会，我得到了一个年长朋友的点拨。他告诉我："其实开会的时候很多话都是高度重复且没什么营养的套话，你只需要记住它们，在会上顺着说出来就行。"这个建议在当时简直就是我的救命稻草，一下就把我点醒了。我按照他的话，准备了一套开会时需要使用的话术，然后反反复复练了很多遍。而就是这么一个简单的调整之后，我发现自己在以后的大小会议中都变得游刃有余了，自信心也提升了不少。

我们总是期待自己能够自信，但是自信不会从天而降。自信的前提是，我们对即将要做的事情要烂熟于胸，这些事情对我们来说不能是完全没做过、完全没经验的。做任何事情，如果我们可以多练几次，多重复几次，等熟练到了"闭着眼睛"也能顺利完成的时候，那一刻我们就会变得非常自信。

四、自信的姿势

美国有一个非常有名的社会心理学家叫埃米·卡迪，她在大学开车出游时遭遇了车祸，导致大脑损伤，智商下降了两个标准差。这对于一般人来说算是非常大的打击了。当时的医生和她的大学老师一致认为她的语言能力、学习能力将会受到严重的影响，所以纷纷劝她退学。埃米也确实感觉到自己比以前笨了很多，她的朋友也开始嫌弃她、疏远她。埃米很绝望，也失去了原有的自信。但是她并没有认命，而是开始慢慢摸索，慢慢恢复，最后她比其他同学多用了 4 年时间才毕业。在这个不断调整自己的过程中，她将所用到的方法进行归纳总结，最后写成了一本畅销书，叫作《高能量姿势》。书里提到，那些生活中光芒万丈、气场强大的人，都有一个共同的外部特征，那就是肢体行为非常舒展。你在平时生活里可能也有所察觉，那些自信的人平时都是昂首挺胸的，身体看起来非常舒展，气场强大，这就是所谓的"高能量姿势"。而那些不自信的人，通常会整个人蜷缩在一起，弯腰弓背、抱着脑袋、托着下巴，看起来非常怯懦，这就是所谓的"低能量姿势"。我们通常都以为只有心态会影响肢体动作，影响你的姿势，但我们可能不知道的是，肢体动作也会反过来影响心态。没错，肢体动作不仅会影响别人对我们的看法和感受，同时也会控制我们自己对自己的看法。

就比如我们高兴的时候会笑，然而很多时候当我们强迫自己去咧开嘴笑的时候，也会感到开心。埃米曾做过一个实验，她找到两组志愿者，让其中的一组持续做两分钟的高能量姿势，让另一组持续做两分钟的低能量姿势。结果发现，做出高能量姿势的那组人，他们的各项数据都比实验之前有所提高；而做低能量姿势的那组人，各项数据比实验之前要明显减少。

这个实验再次印证了一点，那就是，你的肢体动作是能够改变你的心态和想法的。一个自信的、扩展性的姿势，能够对我们的情绪和状态产生神奇的积极影响，反之则不同。这个理论可以应用到很多场景中，比如我们在演讲、面试、约会、谈判的时候，如果能保持高能量姿势，会让你看起来更自信，气场更强，能量更足，成功的概率也更高一些。反之，低能量姿势带来的就是弱势心理，会让我们产生焦虑、紧张，会过分关注自我的情绪，从而影响正常发挥。所以，当你的大脑不听使唤，控制不住地感到紧张焦虑和不自信时，可以让自己去做几组高能量姿势，让我们重新找回自信和能量。

第五节　讨好的陷阱

这个世界上有这么一种人，他们总是希望周围的人高兴，总是把别人的需求放在第一位，却常常忽略自己的感受；他们往往能非常敏锐地察觉到别人的需求，并且无时无刻不想伸出双手，去满足别人；他们很难拒绝别人，即使是看上去非常无礼的诉求，他们通常也会答应；他们非常害怕跟别人起冲突，一不小心与人有了争执，又非常容易妥协和认错；他们时时刻刻都在做身边的老好人，想要营造一种"你好、我好、大家好"的氛围。听到这儿，你一定会觉得，世上竟还会有这类人？是的，但是他们的内心很痛苦，他们也不想陷入这种讨好别人的怪圈，但又对此无能为力，因为他们实在不知道怎么拒绝别人。我们将这种性格特质称为"讨好型人格"。

一、错误观念导致的讨好型人格

这类人的讨好表现是由一系列的错误观念导致的，比如，他们会认为只要自己当个好人，无条件地对别人好，那么别人就应该对自己好；如果别人对自己不好，那就是自己的问题，是因为自己对别人还不够好。这种拧巴的想法就导致他们的矛头永远对准自己，而不是别人。他们会对自己提一些不切实际的高要求，认为自己应该满足所有人的诉求，不管合理不合理；要照顾好周围所有人的情绪，不能让任何人不开心；他们觉得，世界是公平的，只要自己讨好别人，那别人也应该以同样的标准去善待自己。所以，他们不仅对自己要求很高，对别人也有同样严苛的期待。

而更严重的问题就在于，讨好型人格对别人的期待往往还是隐藏起来的，因为不善表达，所以他们往往不会直接袒露自己的需求，而是通过"讨好+暗示"的方式达成目的。比如，一个小女孩儿跟妈妈逛街，非常想要面前的布娃娃。一般这种情况下，小女孩儿会直接跟妈妈要，如果妈妈拒绝，她就会在地上撒泼打滚、大声哭闹直到妈妈满足她为止。而这个讨好型的小女孩儿会怎么做？她会一路上讨好妈妈，表现得异常乖巧，然后盯着布娃娃目不转睛地看，试图让母亲理解自己的意思。可是通常情况下，没有人会时时刻刻地关注她的情绪和关注点，所以这就导致她的需求往往不能得到满足，于是她就会感到生气、难过、失望，将很多负面情绪积压在心里。

正如我们所说，讨好者通常不会直接表达自己的需求，不仅如此，因为非常害怕冲突和矛盾，他们也不会直接表达自己的负面情绪。他们要给外人营造一种一切都很完满的样子。就这样，自己的负面情绪无法表达出来，长期积攒在心里，就导致他们会不断怀疑自己，觉得自己不够好，因为自己没有满足别人，别人才会拒绝自己，才会对自己不好。

美国心理学家哈丽雅特·布莱克的《取悦症》一书详细描述了这种思维模式的形成原因。它缘于一种幼年的自我保护模式。幼年时期的小孩通常会想象出一个有条件的"隐形契约"，来维持一种对事物的掌控感。比如父母闹离婚，小孩不想让父母分开，但他又对大人的世界无能为力，于是他可能会想，如果自己表现得好一点，乖一点，他们就不会分开了。这种思维模式一般会随着认知的成熟（七八岁的时候）消失，他们会逐渐明白理想和现实的差距，会接纳很多事是自己无能为力的这一现实。但问题是，一旦这个过程受到了某种阻碍，比如感受和需求被忽视，缺乏安全感，经常遭受原生家庭的打击，这种自我保护的思维就有可能会延续下去。为了不让别人讨厌自己，他们还会沿用那一套"隐形契约"的逻辑，认为只要自己当一个"乖宝宝"，只要自己满足别人的需求，那么别人也就会对自己好。

具有讨好型人格的人还有一种很常见的错误观念，他们认为别人的需求应该排在自己之前，为了满足别人的需求完全可以牺牲自己的需求。这种大公无私、乐于助人的性格看似很高尚，看似会招人喜欢，但其实恰恰相反，讨好者通常在生活的很多方面都会碰壁。人际交往的本质在于互利互惠，利益交换。如果你总是无条件地付出而不主动要求任何回报，其他人可能会怀疑你的意图，会觉得，你是不是在变相地操纵对方。另外，"不接受回报"在某种程度上也是在拒绝对方的好意，让对方产生亏欠感。更可悲的是，对方往往对这种付出并不领情，他们会理所当然地享受一切，并且认为你没有主见、没有思想，跟你说话就像照镜子一样索然无味。

二、习惯导致的讨好型人格

有一类人已经把讨好别人当作一种不用经过思考的习惯了。为了得到别人的赞赏和认可，他们会疯狂地证明自己。只有每次得到别人认可的时候他们才会高兴，他们会依据别人的评价来定义自己的价值。美国心理学家哈丽雅特·布莱克说道：很多讨好者不是简单地取悦他人，而是打着乐于助人的幌子，成瘾性地讨好别人，借此获取他人的赞赏和认同。对他们来说，讨好已经不是一种习惯了，而是一种瘾。就像实验室的小白鼠一样，每次拉一下拉杆，就会得到几颗糖，所以它们会疯狂地拉啊拉，一段时间之后就成了"瘾"，不管有没有糖掉出来，它们都会去拉动拉杆。同样，讨好别人，可能会得到认可和关注，但不是每次讨好，都能如愿以偿地得到赞赏。于是他们往往会为了增加这种爽感，增加讨好的次数，或者干脆扩大讨好的范围，去取悦更多的人。这样中奖的概率可能会大一点。但是人的时间和精力是有限的，我们不可能面面俱到。在扩大取悦范围的时候，势必会对周围的人忽视，甚至冷漠，对那些真正关心我们的人造成伤害。取悦了陌生人，但是却伤害了自己人，这是讨好者经常犯的错误。

三、逃避伤害导致的讨好型人格

跟前面两类讨好型人格的讨好动机不同，还有一种比较特殊的讨好型人格，他们的动机是为了逃避——逃避拒绝，逃避伤害。我们都知道，要想鞭策一头牛往前跑，有两种方法，一种是在前面放饲料引诱，另一种是在后面用鞭子抽打。实验结果证明，比起奖励，惩罚带来的恐惧感更会触发行动（虽然被动的行动并不会产生什么好结果）。逃避类型的讨好者，往往都是在以前受到伤害的时候发现，他们可以通过讨好别人，通过让别人高兴从而避免伤害，于是这就成了他们用来保护自己的一种有效手段。每当他们觉得别人快要不高兴、快要拒绝或者伤害自己的时候，他们会马上示弱、讨好，让紧张的气氛瞬间缓和。冲突虽然解决了，但是这样做的结果就是，这些讨好者永远不会处理和别人的冲突，他们看似情商很高，其实是害怕负面情绪，逃避问题。

四、讨好型人格的自愈良方

讨好者通常存在四大错误信念，分别是：自己没有价值、自己必须付出才能得到别人的喜欢、自己必须得到正面评价、自己不能拒绝。针对这些错误观念，我总结了四种可以帮你有效改善讨好型人格的方法。

1. 去掉脑子里那些绝对化词汇，打破完美主义

讨好者总是不给自己留一点弹性和余地，总是会说："我应该让别人高兴，我不应该发脾气。"你可以试着把这些苛刻条件都去掉，强调控制权在自己手里，时刻提醒自己不要满足所有人。你甚至可以有意识地去故意搞砸一些事情，去体验一下那种感觉。

2. 练习拒绝

试着练习拒绝平时生活里的一些需求，不管这些需求来自谁。第一周，故意拒绝掉 30% 的请求；如果你觉得没问题，第二周，拒绝掉 50%；再过一周，拒绝掉 70%。拒绝这件事儿对于很多讨好型人格的人来说很难，会让你很内疚、很自责。所以，当你一开始拒绝别人的时候，可以试着用拖延的方式，不直接给回应。对于绝大多数人来说，拖一段时间对方就明白你的意思了。虽然这个方法对于那些需求的提出者不算很友善，但是对于讨好型人格的自我改善是非常有帮助的。

3. 自尊日记

每天记录三件让自己有成就感的事儿，可大可小，并借此表扬自己（具体格式为：事情＋优点）。比如：我今天准时去健身房完成了计划——我真是一个爱运动的人；我今天没有喝奶茶——我真自律啊；我今天联系了多年未见的同学——我是一个热情的人。坚持 3 周，养成习惯之后，即使你不再记笔记了，你的思维惯性也会逼着你源源不断地产生内在能量。

4. 学会对自我的认可

讨好型人格的人通常在骨子里认定自己是不值得被爱的，是没有价值的，所以他们会对哪怕一点点恩惠都铭记在心，因为对方的恩惠相当于肯定了自己，证明了自己的价值。其实，你并不需要时时刻刻得到别人的认可，也不可能让周围所有人都满意、都喜欢，你对自己的认可是最重要的。

讨好型人格的形成在一定程度上跟我们从小接受的教育理念是分不开的。我们从小就被教育要谦让，要懂得分享，要无私奉献，要助人为乐。这些理念其实都是在教我们如何悦人，而很少教我们怎么悦己、怎么照顾自己的感受、怎么让自己快乐。共情是美德，但是健康的共情永远都要把自己摆在跟对方平等的位置上。事实是，只有先照顾好自己之后，才有能力去照顾别人。坐过飞机的人都知道，每次飞机起飞前，演示片里都会反复强调：当氧气面罩掉下来的时候，请先自己戴好，再去帮助你周围的人。

讨好型人格最大的问题不在于给予，而在于自己没电的时候还要给别人充电。你总是尽力把自己最友善的一面展现出来，认为别人也会这样好好珍惜你，但是到头来，你会发现，你的生活越来越糟了，心情越来越差了。为什么？因为你牺牲了自己。而更残酷的事情就是，这种自我牺牲往往不能收获对方的感激。因为对于免费的东西，大家都会喜欢，但是不会珍惜。所以，希望那些喜欢讨好别人的朋友可以把这一节内容多读几遍，记在自己的心里，凡事多考虑考虑自己，这不是自私，而是自爱。

第六节　从躲避到勇敢：战胜回避型人格

有一种人，他们既渴望独立又渴望依恋，既害怕被抛弃也害怕被控制，既希望被重视又担心受过多关注，渴望被爱但是又害怕被爱，当有异性对自己表露好感时，就会瞬间失去兴趣开始回避。他们的座右铭是"我喜欢你，但是求你别喜欢我"。"我不配"三个大字始终在他们心里萦绕，在他们看来，只有回避，才不至于失去。这种矛盾的性格，就是回避型人格。在我看来，谁都不是天生怯懦的，只不过是无数次的打击与否定之后，不得已选择通过回避来进行自我保护罢了。

1894 年，弗洛伊德把人类对抗痛苦的机制归纳总结为一种客观规律，将其命名为防御机制。它是指自我将可怕的东西控制于意识之外以减少焦虑的方法。这是个人在精神受干扰时用以避开干扰、保持心理平衡的心理机制。而后心理学家唐纳德·梅尔泽对防御机制有一个通俗的解释："一切防御机制，都是我们为逃避痛苦而向自己撒的谎。"

人会本能地采用防御机制去抵抗外界的压力，缓解自身的痛苦，甚至不惜扭曲现实来达到目的。防御机制可以暂时保护我们，让我们获得片刻喘息，但是，长期依赖防御机制会让防御机制固化，成为我们遇到问题时的唯一反应。长期来看，这种固化的行为模式会给我们带来更大的痛苦。

一、回避型人格的特征

回避型人格的核心特征是个人对自我和他人的评价过低，在人际交往中存在巨大困难。主要表现为社交焦虑、回避与他人的接触、对批评的反应过度敏感等。心理学中的诊断依据主要是对照美国《精神障碍诊断与统计手册》中对回避型人格的特征来定义的：

· 很容易因他人的批评或不赞同而受到伤害。

· 除了至亲之外，好朋友或知心人很少（一般仅有一个）。

· 除非确信受欢迎，一般总是不愿卷入他人事务之中。

· 行为退缩，对需要人际交往的社会活动或工作总是尽量选择逃避。

·心理自卑，在社交场合总是缄默无语，怕惹人笑话，怕回答不出问题。

·敏感羞涩，害怕在别人面前露出窘态。

·在做自己能力范围所不及之事时，总是夸大潜在的困难、危险或可能的冒险。

只要满足其中的四项，即可被判定为回避型人格。人们经常会混淆回避型人格、回避型人格障碍以及回避型依恋这几个概念，虽然它们都带有回避的特征，但它们可不是一回事。

·回避型人格原本是有需求的，只是因为恐惧而无法付诸行动，是一种进退两难的状态。

·回避型人格障碍在此基础上更进一步，回避症状已经严重到影响生活了。这就有点像抑郁情绪和抑郁症的区别，不是哪种性格最后都能演化为障碍的。

·回避型依恋这一类型的人通常会极度缺乏安全感，他们不会轻易相信自己的伴侣和朋友，习得性无助，情绪不稳定，喜欢用冷暴力解决问题。在网上大家经常讨论的回避类型的伴侣，通常指的是回避型依恋。

允 许 自 己 做 自 己

放到亲密关系里来说，回避型人格的人通常会因为自卑而不敢迈出第一步；回避型依恋的人通常是迈出了第一步，得到了爱情，但是一段时间之后就想要逃离。以下我们所有的讨论都基于回避这种性格特征，而不具体指哪种人格类型。

二、回避类型的人格表现

很多有回避型人格的人会出现缺乏安全感、缺爱、自卑，觉得自己不配的情况。遇到问题，他们往往先自我否定，极度缺失安全感。不同的回避类型，表现也各不相同：

·回避型人格：回避型人格的人由于极度自卑，缺乏自信，所以他们不喜欢结交朋友，害怕与人沟通，非常在意别人的眼光，在人多的地方往往会感到尴尬和不安。他们通常不会主动与人交往，也不太会表达自己的想法和情感。即使在平常的社交场合中，他们也会感到不自在。他们不相信自己能够处理好社交场合中的各种情况，并且对于新环境、新人、新事物持怀疑和回避态度，所以他们往往会避免参加社交活动。

·回避型人格障碍：以全面的社交抑制、对负面评价极其敏感为特征的一类人格障碍。这类人往往会过度关注别人对自己的看法，不愿意别人谈论自己，害怕被批评或拒绝。他们对别人的评价极为敏感，害怕见陌生人和去到陌生的环境。

在社交场合中，他们缺乏社交技能，不知道如何与人交往和建立联系，往往会安静腼腆，在与新结识的人的互动中退缩。因为他们会认为自己社交无能、没有吸引力。在工作中，他们可能会回避沟通，甚至可能会拒绝晋升的机会，因为他们担心会受到同事的非议。生活上，他们可能会避免结交新朋友，很难和别人建立良性关系。

·回避型依恋：回避型依恋的人无法正确客观地看待自己，他们既不知道怎么爱自己，也不知道怎么正确地爱别人。所以有的时候，你会觉得他们冷漠，觉得他们拒人于千里之外，这不是因为他们不想关心别人，而是他们真的不会，缺乏爱的能力。他们内心既渴望建立亲密关系，又害怕失去这段关系。他们内心是渴望被爱的，但是同时他们也害怕被抛弃、被拒绝，因为长期对别人的不信任，这就导致他们很难建立亲密关系。

普通人谈恋爱会首先肯定自己，如果对方喜欢自己，就大大方方地在一起；如果对方不爱了，就分手，调整自己，然后进入下一段恋情。而具有回避型依恋的人，他们首先会自我否定，然后会经历一段很长时间的从不信任到逃避，再到信任的过程。如果对方不爱自己了，会觉得被抛弃了，很长时间难以释怀。所以这类人是很矛盾的——得不到爱，很难受；得到爱了，更难受。他们喜欢用过去的痛苦模式去判断自己的未来，最后又回到无助的原点。正是因为这样，哪怕他们遇到了真爱，也会习惯性地逃避，不能心安理得地接受，因为他们认定，美好的事物与自己无关。

三、回避特质的形成原因

回避型人格和回避型人格障碍：基因和环境对回避型人格障碍的形成起到很大的作用。

（1）遗传因素：一项基于双胞胎的研究发现，回避型人格障碍在一定程度上具有遗传性。该研究发现，同卵双胞胎之间回避型人格障碍的一致性（即两人中至少有一人患病的概率）为 0.35，而异卵双胞胎之间的一致性为 0.13。这表明遗传因素在回避型人格障碍的发病中起着一定的作用。另一项基于家系的研究发现，回避型人格障碍在家族中的聚集现象也支持了存在遗传因素影响的观点。该研究发现，受家族遗传影响患有回避型人格障碍的风险是普通人群的 6 倍。

（2）家庭因素：家庭环境的不安全和不稳定性容易造成家庭成员的回避特质。回避型人格障碍患者通常来自家庭环境不安全或不稳定的背景，如家庭暴力、父母离婚等。有些父母经常批评、责备甚至打骂孩子，并且习惯将自己的困难投射到孩子身上。这会导致孩子产生自我否定、自我怀疑。因为厌倦被否定，所以他们逐渐学会了用沉默去对抗父母的负面情绪。

从家庭成员的关系分析，在一些情况下，家庭成员之间的冲突、争吵和敌对行为可能对回避型人格障碍的形成起到作用。这种家庭环境可能导致患者逐渐回避社交场合和人际交往，从而增加患病风险。

父母的过度保护也有可能助推回避特质滋生。过度保护是指父母对孩子的过度关注、控制和保护，从而限制孩子独立性和自主性发展的现象。这些大包大揽的父母，会导致孩子没有机会独立解决问题、承担风险或应对挑战。这可能使孩子在今后面对困难时缺乏自信，容易感到焦虑和担忧。另外，过度保护的父母可能会限制孩子与同龄人的互动，导致孩子在社交场合中缺乏自信，从而难以建立健康的人际关系。

家庭教育方式也至关重要。家庭教育方式也可能对回避型人格障碍的发展起到一定的作用。例如，父母缺乏表达情感和沟通的技巧，缺乏对孩子的自主性和隐私的尊重。这可能导致孩子不愿意参与社交活动、难以表达自己的情感和需要。

（3）环境因素：在学校里遭受霸凌可能会对个体产生持久的负面影响。受害者可能会因为恐惧和羞辱感而在社交场合产生回避行为。长时间的霸凌可能会导致受害者对人际关系产生深深的恐惧和不信任。另外，在成长过程中，如果一个人多次经历亲人和朋友的背叛或欺骗，他们可能会难以信任他人，从而回避建立亲密关系，以防止再次受伤。

回避型依恋：相对于回避型人格而言，回避型依恋通常受到外在环境的影响更大。他们往往是因为外界的一些因素，导致在成长的过程中，逐渐形成了这种性格。最主要的因素有：

（1）没有完整的原生家庭：单亲家庭的孩子，因为父母中的一方不在身边，所以很容易没有安全感。他们没有办法像对待自己父母一样对待继父继母，所以孩子更倾向于逃避依恋关系，躲在自己的世界里。他们往往会极度缺乏安全感，也很难相信别人及建立自信。

（2）没有和谐的原生家庭：即使有了完整的原生家庭，但是有人依然是回避型依恋，这是为什么呢？这里面有几种情况：

第一种是孩子和父母的关系不和谐。比如随着孩子的长大，孩子对父母的依赖越来越强，需求也越来越多，如果父母经常拒绝，甚至习惯性地斥责，孩子就会认为，他是不值得被爱的。没有人值得信赖，他就只会躲在自己的世界里，久而久之就容易显现出孤僻和内向的一面。另外，如果孩子做错事之后，父母一味地责怪，也会使小孩的心理产生畏惧，进而选择逃避。

第二种是父母之间的关系不和谐。夫妻关系不和谐，经常吵架，甚至打架、家暴，会给幼年的孩子造成非常大的心理压力。他不知道为什么会这样，但是又不敢提出问题，只能压抑在自己心里，久而久之，就会出现一定程度的人格扭曲。甚至他们还会认为，出现问题了，就应该这样做，就要采取暴力、冷暴力的方式进行解决，从而在以后类似的情况中，埋下了冷暴力的种子（孩子会模仿父母处理问题的方式）。

（3）艰辛坎坷的成长环境：当然，除了父母以外，其他人对孩子也会产生影响，比如，如果抚养他的爷爷奶奶或者外公外婆去世了，如果没有得到正确的疏导，也会对他们造成很大的打击。他们会认为，亲情是不确定的，一旦身边的人离开了，自己还是一个人。他们会告诉自己，对任何人都不要投入感情，他们总会离开，只有待在自己的小世界里才是最安全的。

也有孩子从小寄人篱下，整天看着别人的眼色行事，没有办法感受到父母的温暖，什么事情都是靠自己一个人扛过来，所以他们的性格比较孤僻，不太喜欢与他人接触，喜欢独来独往，这也会导致安全感的缺失。

也有一些人曾经为情所困，在感情上受到了伤害，导致他们对感情抱有怀疑态度，以至于开始逃离感情，逃离亲密关系，因为害怕再次受伤而表现出回避型依恋，无法正常进入下一段亲密关系中去。

四、回避型人格的解决办法

如果你只是普通的回避型人格，是一个对社交和人际关系没有很大诉求的人，再或者你是坚定的不婚主义者、独身主义者，那你没有必要做出什么重大改变。但是，如果你希望自己能有一个完整的家庭，有正常的社会关系，建议你可以从以下几个方面入手去解决问题：

回避型人格或者回避型人格障碍：

（1）认知行为疗法：心理治疗是治疗回避型人格障碍的主要方法。在心理学中，心理咨询与心理治疗的方法有多种，如认知行为疗法、人际交往训练法以及个人成长辅导等，这类疗法具有针对性强、效果显著等优点。认知重塑就是采用认知行为法进行治疗的。这种方

允 许 自 己 做 自 己

法的核心理念是改变患者对自我及他人的消极评价，消除对自我和他人的不合理认知。

具体来说，人在小时候养成的认知主要是通过家长帮忙完成的。如果你的父母在你小时候并没有像其他父母那样给你鼓励，而是不断地苛责你，贬损你的价值，忽略你的感受，那么你的自我认知很可能就是扭曲的。所以，对于你来说最重要的一步就是要重新定义真实的自己。

你可以采取积极态度，重新认识自己。把过去外界对自己的评价通通忘掉，不断地告诉自己，以前他人对你的认识都是片面的、错误的，他们并不了解你，你远比他们说得更加优秀。遇到问题，不要上来就自我否定，而要多想一想自己的长处和优点，并用心理暗示的方法，不断告诉自己可以做到。

（2）系统脱敏法：心理动力学的方法是帮助病人揭示其症状的根源，唤起在无意识中起作用的自我的力量。刚才说的认知重塑就是一种，另外一种就是行为疗法，比如系统脱敏法。

行为治疗专家通常采用社交技能训练和暴露疗法，比如逐渐增加其社会接触。

具体的操作方法如下：

①勇敢迈出第一步。在心理咨询师或者自己信赖的人的陪同下，主动去社交，去接触那些"不太熟的朋友"，当你感觉自己比较从容了，可以逐渐尝试认识陌生人。只有你勇敢地迈出第一步，才会对自

己有一个客观的评价，才知道别人眼中的自己到底是什么样子。

②强迫自己主动接触。当你通过第一步发现自己没有那么差了，你的心灵可能已经打开一些了，你意识到真实的自己是一个什么样的人，之后你要强迫自己多去跟外界进行连接，去收获更多的来自客观世界不一样的评价。

③积极拓宽朋友圈。当你逐渐适应了真实的自己，并对社交变得不那么害怕和敏感的时候，你完全可以逐步拓展自己的朋友圈。要提醒自己时时刻刻去敞开心扉，去信任对方，在这个过程中重新完善自己的认知体系，并收获社会关系。

回避型依恋：

除了上面的认知行为疗法和系统脱敏法以外，回避型依恋的治愈方法还应该更具有针对性。这里教你一种名叫"安全港"的策略。

对于回避型依恋来说，构建稳定的环境才是最重要的。拥有了足够的安全感，依恋关系才会趋于稳定。人之所以会出现回避心态，无外乎就是受到外界太多的负面的、批判性的刺激，所以我们必须有针对性地构建一个相对稳定的生活环境和工作环境。环境稳定了，内心也就不再那么恐惧了。在此基础之上，不断尝试打开心扉（建议跟心理咨询师建立长期关系），稍有不适，马上回到"安全港"。这个"安全港"可以是让你舒适的环境，比如自己的小屋、朋友的家、常去的咖啡厅、心理咨询室。在"安全港"里，我们稍作调整，准备再次出航，在我看来这是最好的办法。

最后，对所有回避类性格的人说，你可以回避一阵子，但你不能回避一辈子。生活中的那些负面评价，你心里的那些伤痛不会因为你的回避而消失，唯有放下对这些东西的恐惧，勇敢面对，你才能真正走出来。并且你要记住，从始至终你都没有做错什么，你的原生家庭，你的童年，你的过去，都不是你能决定的。即使历史重演 100 次，你还是会做出一样的选择，因为它是你当年唯一能做出的选择。时至今日，你知道怎么用科学的方法去改善你的问题，你终于有了选择权，至于怎么行动，那就看你了。

第七节　情绪自由：被人讨厌是不是我的错

在生活中我们一定会遇到类似的事儿：明明自己什么都没做，却招来了对方的讨厌；明明自己已经尽全力讨好他了，却还是遭到对方的排挤；明明只是礼貌地拒绝了同事不合理的要求，却被同事恶语相向。无缘无故地被人讨厌，还要饱受内在、外在的双重折磨，这是我们很多人真实的生活写照。那么，如何才能不被别人的讨厌所折磨？如何才能做到情绪自由呢？

简单来说，被人讨厌的原因大致有四种：

· 误解：讨厌有时源于误解。当我们对某人或某事的了解不全面或存在偏见时，可能会产生负面情绪。这可能是因为我们没有足够的信息来做出准确的判断，或者受到了刻板印象的影响。

·价值观冲突：当我们遇到与我们持有相悖观点或行为的人时，可能会产生讨厌情绪。这种情况下，我们可能会认为对方的价值观威胁到了我们自己的信仰和观点。

·嫉妒：嫉妒是讨厌情绪的另一个常见来源。当我们觉得某人拥有我们想要但无法获得的东西（如地位、财富、关系等）时，会感到嫉妒，并产生讨厌情绪。

·恐惧：恐惧也可能导致讨厌情绪。当我们害怕某人或某事对我们的安全、地位或幸福产生威胁时，可能会产生讨厌情绪。这种情况下，讨厌可以被看作一种防御性反应，以保护自己免受威胁。

有时候，别人对我们的讨厌确实是由我们自己的行为所引起的，例如侵犯他人的界限、损害他人的利益或做出让人不舒服的举动。然而，在很多情况下，别人对我们的讨厌与我们无关，我们可能只是在无意中激起了他人的反感。这种情况显然超出了我们的控制范围。

一、不要陷入"自证陷阱"

生活中很多人会有被恶意误解的经历，比如项目的初心是帮助别人，却被投资人误以为要圈钱跑路；比如好心好意帮他人翻译文章，却被误解成在用翻译软件糊弄。误解的背后，是强烈的个人偏好。爱

允许自己做自己

默生说过："人们只想看到他们想看到的东西。"事实正是如此，没有人关心真相是什么，大多数人只会相信他们自己认为的。所以，当被误解后，不要急着去证明自己，不要总想着在自己身上找问题。你要明白，你只不过就是他们心里故事的一个小角色而已。

在我看来，每一次误解都不是随机发生的，而是事出有因，是一种有选择的偏见。通常情况下，一个人会有怎样的误解，往往也就代表了他是一个什么样的人。有一句话叫作"他对你的百般解读，构不成万分之一的你，却是一览无余的他自己"。如果这么想，你是不是就能释怀了？

面对误解，很多人的第一反应是解释。然而，对那些真正相信你、有正常逻辑判断的人来说，即使你不解释，他们也会相信你。但是对那些带有强烈偏见，执着于自己的认知，从根上就讨厌你的人来说，你的解释是多余的，只会越描越黑。

所以一直以来，我都秉持着一个原则，那就是"被人看轻的时候，多说一个字都是取悦；被人误解的时候，多解释一次都是掩饰。与其去争论对错、去愤怒、去难过，不如把事情做得漂亮一点"。

二、课题分离

阿德勒心理学第一次引入了课题分离这个概念。阿德勒认为，人的大多数痛苦来自人际关系，而人际关系里最大的问题在于别人对自己的事情妄加干涉或者自己对别人的事情横加干预。只要学着把自己的事情和别人的事情分开，你的苦恼就会少很多。举个例子，你总是在意别人的看法或者感受，这时候如果阿德勒在你身边，他就会告诉你："孩子，别人怎么看待你、评价你，那是别人的课题，与你无关。你怎么行动，你怎么活，才是你的课题。你不能活在别人的想法里。"

那如何断定一件事情是谁的课题呢？理论上来说，一件事情的最终结果由谁承担，那就是谁的课题。有句话叫作"谁痛苦，谁改变；谁改变，谁受益"，说的就是这个意思。也许有人会觉得课题分离没什么用。我一开始学习阿德勒心理学的时候也有一样的感觉，后来我逐渐发现，那是因为我们没有搞懂这套理论的使用场景。课题分离什么时候有用？简单地说，就是在我们胡思乱想又无能为力的时候，比如你为你家孩子没能完成作业而生气的时候；你害怕拒绝别人，担心对方会因此讨厌你的时候……这时候如果你能做到课题分离，是很有用的。你可以跟自己说："对方讨厌自己是他的课题，跟我无关，我没有道理生气。"你不断地给自己心理暗示，就会如释重负。

课题分离并不意味着"甩锅""不负责任"，阿德勒从来没有说过课题分离可以成为逃避责任的借口。相反，阿德勒主张我们每个人都可以承担起自己的责任，在能力范围内积极地帮助别人。比如，身为监护人，我们理应尽到父母的责任，为孩子提供最好的指引；身为婚姻家庭中的一分子，我们理应积极主动地承担家务；身为公司员工，我们理应尽职尽责地做好每一份工作；朋友有了难处，如果我们愿意，也应该尽全力帮忙。课题分离并不是希望你去做一个冷漠的人，也不希望你对自己的责任、义务视而不见。抛弃责任、违背诺言、随意伤害别人的利益或者对他人的苦难视而不见，这不是课题分离，这是无情无义。课题分离是告诉我们，已经尽到自己的责任义务，已经帮助了别人之后，别人对结果是不是满意，别人怎么看我们，那是别人的课题，与我们无关。

当然，课题分离也不是万能的。在不对等的关系中，或者当我们的利益直接或者间接受到伤害时，课题分离就帮不上忙了。当你的边界被侵犯了，你只能去想办法沟通。课题分离在这种情况下显然不是你最好的选择。

三、你永远都有选择

阿德勒的很多理论里都渗透着"选择"这一概念。他认为人生的不幸，都是自己选择的，他非常反对宿命论，他认为人生是可以由自己塑造的，而宿命论只是对人生的一种逃避。选择相信注定的命运，就等于提前为人生的失败找好理由。而这种信念只是虚假的精神支柱。一个人的感受会追随他的目标，赋予过去的经历什么意义是每个人根据自己的目标而决定的。

阿德勒举过一个例子，有个女孩儿有"脸红综合征"，一跟陌生人说话就脸红。于是她就认为自己有社恐的问题，一直没有跟心仪的男孩儿表白。但在咨询的过程中，阿德勒竟然告诉她，她脸红的毛病是自己的选择。为什么呢？阿德勒认为，对于这个女孩儿来说，被人拒绝是比脸红更可怕的事儿，所以她宁愿告诉别人她有脸红的毛病，也不愿意承受可能被人拒绝的痛苦。于是她就不断地说服自己："如果我没有这个毛病，我就能得到爱情。"所以，这个女孩儿以脸红为借口，用来逃避社交，这是她自己的选择。

生活中也有很多人给自己贴标签，然后把这个标签当成借口，从此故步自封。比如有人会说，"我内向，所以我没办法当着很多人的面讲话"。仔细想想，内向和当众演讲没有什么因果关系。有很多内向的人在讲脱口秀、唱歌、主持方面都是高手，所以说到底，不愿意当众演讲只是你自己的选择，跟内向没有关系。

生活中，给自己找借口，假装自己没有选择余地的人太多了，比如假装自己被家长催婚，被逼得没有选择；假装自己没有退路而一直从事不喜欢的工作；假装自己被原生家庭伤害至深而无法走出来。看似自己没有选择，只不过是懒得思考，害怕做决定，不愿意付诸行动，不想对自己的人生负责而已。用阿德勒的话说，人既是画，又是画家，是画他自己这幅画的画家。想要幸福，就必须明白自己的人生充满选择。你的人生，你做主，你负责。

四、喜欢自己最重要

每个人都渴望被别人喜欢，谁都不例外。可是我们很多人都没有认真思考过，被人喜欢这件事儿真的有那么重要吗？况且有些人就是不喜欢你，不管你做什么，都不能改变他的看法。就拿我举例，我觉

允 许 自 己 做 自 己

得自己还算是一个包容度比较高、比较善于发现别人优点的人。但即使是这样，我周围也总有几个我怎么也喜欢不起来的人。对此，我也解释不清楚为什么，可能是因为性格，可能是因为言行，不管对方怎么尽力示好，我就是无法对他们产生好感。所以你看，别人喜不喜欢你，别人给你什么评价，这是你能控制的吗？显然不能。

在职场混了这么久，后来又做了自媒体，我深深地意识到，这个世界上有些人讨厌你，真的只是因为他讨厌你。更何况有些人会因为别人优于自己，伤了他的自尊，冲撞了他的认知，而由妒生厌。有一句话说得好，"Haters always hate"（讨厌者永远习惯讨厌别人）。但凡你要进入社会，要与人建立连接，就一定会被人讨厌。我们显然不应该把精力都浪费在那些讨厌我们的人身上，越早意识到这一点，越早锻炼好那种拥抱讨厌的心性，你就能越早活出自我，拥有"情绪自由"的人生。

就像阿德勒说的："我们并不是为了满足别人的期待而活着，他人也不是为了满足你的期待而活。"一味地追求别人的认同就等于把人生的主导权交给了他人，而我们会一直在别人的阴影里"自己和自己打架"。只有放弃了"寻求他人认可"的执念，学会自我接纳，学会自洽，才能活出真正的自己。

我们没有办法去改变这个世界上的一些恶意和不公，很多时候，我们能做的就是换个解读方式，不要再折磨自己了。我们需要打心底说服自己，别人的感受不重要，别人的评价不重要，那些给予评价的人，更不重要。什么重要？喜欢镜子里的那个自己，最重要。希望我的每个读者都能拥有情绪自由、拥有被讨厌的勇气。

第八节　精神内耗的底层原因

什么是精神内耗？从学术上来说，就是自己的能量更多地消耗在心理的摩擦上，而不是对外的行动上。简单来说，就是心理戏太多，自己消耗自己。精神内耗的人常有的表现是，经常被他人影响，间歇性地讨厌自己；内心自卑、自责、脆弱、迷茫、心累，每天哪怕只做一件事儿都会觉得精疲力竭；对生活缺乏热情，宁愿躺着发呆也不做事。如果你出现了这些情况，那你很可能正处于精神内耗的状态中。

我们每个人的心理能量是有限的，过多地把这些能量耗费到心理摩擦上，就会出现上述情况。没有额外的能量去行动，就会感觉到无尽的疲倦。长期精神内耗，会摧毁你的所有热情和行动力，这是非常可怕的。

所有精神内耗的人都或多或少有一些共性，比如特别喜欢把想法落到过去或者未来上，对自己的要求和期待总是高于自己的能力，做事犹豫不决，自我否定，特别在意外界的评价，经常跟别人比较，然后给自己施加很多压力。如果用一种典型的行为模式来描述这类人的话，那就是：面对问题→没有信心→尝试解决（或者逃避退缩）→失败→对比他人→自卑→攻击自己。如此循环往复，形成恶性循环。

内耗的重点不是耗，而是在这个"内"上。我们没有对外做功，能量就从我们心里不知不觉流失了。所以解决精神内耗，我们可以从两个方向入手：一个是对外做功，另一个是向内阻断。

一、对外做功

很多的精神内耗都源于我们想得太多，做得太少。行动力不足有两大底层原因，一个是启动困难，另一个是难度过大。很多时候我们内心的痛苦和煎熬都来自理想和现实之间那条巨大的鸿沟。羡慕别人年薪百万，自己却每天干着毫无希望的工作又不敢突破舒适区；想要别人的完美身材，自己却从没踏出过减肥的第一步；羡慕别人学富五车、才高八斗，自己却从来没有耐心读完哪怕一本有用的书。所以，要想摆脱内耗，要么就降低期待，接受平庸的自己；要么就提高行动力，解决问题。

想要"动"起来，首先要降低自己的启动能耗，也就是要降低做一件事的难度。我有一段时间特别喜欢吉他，但是学了没几天，就赶上了工作很忙、很累、心情不好的时候，每天回家就想往沙发上一倒，然后看电视。当我觉得就要放弃吉他的时候，突然有一天，一个非常微小的细节，却彻底扭转了局面。我发现我从客厅的沙发上走到屋里打开柜子，拿出琴盒，取出吉他，大概需要 20 秒的时间，而我从茶几上拿起遥控器打开电视只要 1 秒钟。于是我做了一个小调整：我把吉他放到了沙发旁边的架子上，一伸手就够得到（从此以后我再也没把吉他收到过盒子里）。就是这么一个微小的举动，让我在接下来的 3 个月时间里学会了吉他而放弃了电视。所以，想要提高行动力，就要降低你做一件事儿的难度，减少意志力的纠缠。

有时候，一件事难的不是完成本身，而是你压根就没有踏出过第一步。你总是在原地看结果，就很容易产生内耗情绪。很多人都有过这种经历：拿来一本书，还没怎么看开头，却先翻到最后一页，看看有多少工作量等着我们，然后就会愁眉不展，想尽一切办法拖延。对待这种情况，最好的做法就是"不要跳步"，永远盯着"当前这一步"。当你完成了第一步，剩下的事情就会像多米诺骨牌一样自然往前推动了。

当然，有时候就算我们真的启动了，也会因为难度过大而最终放弃。这个时候我们要做的就是，把眼前那个大目标细分成多个可以够得到的小目标。只要你的目标合理且足够小，就没有实现不了的大目标。

二、向内阻断

有时候只是一味地行动也是不行的。著名哲学家维特根斯坦说："有时，房间的门并未上锁，只不过它是向内打开的，一个人如果总是向外推，而没有向内拉，就会被困在这个没有上锁的房间内。"

允 许 自 己 做 自 己

有些问题并不是因为外部条件的限制而无法解决，而是因为我们自己的思维方式和态度限制了我们的思考和行动。如果我们只是一味地"向外推"，试图通过改变外部环境来解决问题，而不是向内看，审视自己的思考方式和行为模式，就会被自己的思维方式困住，永远无法解决问题。

比如说，有的人是天生的高敏感人格或者焦虑性格，他们有很强烈的完美主义倾向，天生喜欢"想太多"；有的人碰到了解不开的心结、逃不掉的厄运，这时候应该怎么办？这时候如果有人告诉你，不要多想，要乐观积极，要靠自己走出来，我认为这些是正确的废话。我觉得真正的解决方法，应该有两步。

第一步，你要分清究竟哪些思考是无用的思考。比如说你总是跟人对比，频繁思考别人对自己的评价，经常否定自己，这些思考对你来说其实毫无益处。

第二步，在你的脑子里安装"报警机制"。一旦你识别出自己有内耗的苗头，在做无效思考，立刻提醒自己停下来。通过这个"报警机制"，打断自己的思绪。如果你觉得效果不佳，还可以用厌恶疗法，比如手上绑个橡皮筋，当有这种内耗的苗头时就弹自己一下。

另外，有些时候内耗的源头也并不完全来自自己，也有很大一部分来自你所处的环境。原来有一个很经典的实验。实验设计者让一组志愿者在一个嘈杂的环境中完成任务，并与另一组在安静环境中完成任务的志愿者进行比较。结果发现，在嘈杂环境中的志愿者表现出更高的压力、情绪不稳定以及强烈的疲劳感，这些都是精神内耗的表现。所以，如果你周围的环境很糟糕，或者你的身边都是一群挖苦你、讽刺你，每天带给你满满负能量的人，那你想不内耗都难。更可怕的是，久而久之你的思维模式也会变得消极。所以尽量远离生活中的那些负能量源，尽一切可能把自己置于一个积极、愉悦的环境里，才是停止内耗的关键。

很多时候，你之所以内耗就是因为你太封闭，总想着自己扛，所以才会越发严重的。什么事儿都闷在心里，不跟外界交流，不接收外界的信息，不向外界寻求帮助，那问题一来，自己无法解决，就容易自己胡思乱想。尤其是那些本来就内向、敏感、不爱说话的朋友，一定要想尽办法打开自己。迷路了，要学会问路；碰到自己无法解决的难题，产生内耗了，也要主动向外寻求帮助。

第九节　对待"讨厌鬼"的正确方法

我们在生活中总会碰到一些跟自己价值观不一样，感觉和对方不在一个频道的人。不管我们怎么做心理建设，不论我们怎么调动自己的情商智商去化解矛盾，总有人能恰到好处地击中我们的软肋，让我们难过、生气，甚至焦虑、失态。明明最初是他们挑起的争端，最后我们这些受害者倒成了脆弱、小心眼、情绪不稳、开不起玩笑的人。

允许自己做自己

在这一节中，我们来聊聊对待这些"讨厌鬼"的正确方法。

一、想要正确，还是想要快乐

你需要知道为什么你总会把别人的言语和行为放在心上。比如，你讲话的时候，看见有人看手机，就觉得他不尊重你，觉得别人不重视自己；开车的时候，只要后面有人按喇叭，你就会心慌，担心别人嫌弃自己的驾驶技术；邀请朋友出去玩儿，只要对方拒绝，不管是什么理由，你都会觉得自己被抛弃了；只要别人指出你的问题，你就觉得那个人讨厌自己。在所有这些场景中，我们觉得自己被忽略、被嫌弃、被拒绝、被讨厌，觉得自己很受伤，其中的底层原因是我们的自尊心在作祟。现在，面对这些场景，请你一定要想明白，你究竟是想要正确，还是想要快乐。如果你想要正确，那你可以继续让自尊接管你的思维；如果想要快乐，那你就需要暂时放下自尊心，尝试让你的注意力离开自己。

我们之所以觉得被冒犯、不舒服，就是因为我们的目光里始终都只有自己。我之前有过一次特别尴尬的经历。我代表部门参加一个讨论会，有个其他组的同事在我说话的过程中不断地发信息，几乎就没有停过（会议室一共就几个人，所以他发信息的行为就显得特别明显）。我当时非常生气，不仅是因为这次会议我准备了很久，希望能被认真对待，还因为这个会对于我们两个部门的协作非常重要。看到他这么怠慢，我感觉自己被轻视了。于是临近结束的时候，我提高音量直接质问他："手机上究竟有什么那么吸引你？" 没想到那个同事却说："我没带笔记本电脑，所以一直在用手机记重点。"并且，他立刻拿起手机给我展示。我还记得当时我尴尬得恨不得钻到桌子底下。无比惭愧的同时，我也意识到，其实很多时候，我们以为的冒犯，真的跟事实无关。它可能只是我们的臆想，是我们对人对事的错误解读。所以下次如果你再觉得自己被冒犯的时候，不妨抽出一点点时间，换位思考，站在对方的视角考虑问题，并且试着把别人的意图往好处想。这样不仅你会释怀，久而久之你的心态也会变得积极乐观。

二、放过自己

有些时候，对方的话一下子击中了我们的要害，我们的情绪瞬间会掀起惊涛骇浪，导致我们没办法冷静思考，更没法乐观地去解读对方那些伤人的话。举个例子，我曾经在大学一场篮球比赛投失关键球之后，被队友劈头盖脸地痛骂，说我不适合从事这项运动。那一刻我很难过，很久都没缓过来。因为我知道，最后对于关键球的处理失当确实是我的问题，不管我怎么反驳，都无法改变。

有些人就是喜欢嘲笑别人的长相和穿着，有些人就是习惯对别人的口音品头论足，也总是有些人喜欢打着自己直性子的幌子，攻击别人的弱点。对于这些"讨厌鬼"，我们无能为力，嘴长在对方脸上，我们似乎没有什么办法让他闭嘴。所以这个时候，你能做的，就是放过你自己，不要让这些负面情绪堵在自己心里。此时，你应该找个朋友，将你的委屈、难过说出来。你有资格不满，更有权利生气。把负面情绪发泄出去，而不是放在自己心里内耗，才是最正确的方法。

三、认知失调

请你仔细思考一下，那些曾经欺负你、羞辱你、嘲笑你的人，他们的心态是怎样的？他们究竟想达到什么目的？也许你会发现，他们真正的目的可能就是想让你难受，惹你生气，打压你，看你的笑话，从而抬高他们自己。所以面对这些人，我们不一定就非要和对方硬碰硬。你的愤怒、伤心、失态不正中对方的圈套了吗？

所以针对这种情况，这里分享一个妙招给你——利用认知失调理论堵住对方的嘴。什么意思呢？举个例子，假如今天朋友的饭局上，有个尖酸刻薄的人，当众嘲讽你："你今儿这身打扮也太土了吧？"这时候如果你直接和对方理论，你肯定会尴尬。但如果你面无表情，甚至面带笑容地说一句："哦，我觉得你说得对啊！您带我去买两件您觉得高大上的衣服，让我也时尚一把？"这时候，对方肯定会非常难受。为什么呢？因为他本来的目的没有达到，你导致了对方的认知失调。一开始，他想让你难受、让你生气，想看你笑话。结果搞到最后，你非但没有生气、难过，反而笑呵呵地跟他开起了玩笑。他的目的没有达到，他的状态前后产生了矛盾。

认知失调理论最早是由著名心理学家费斯汀格提出的，也叫认知不协调理论（Cognitive Dissonance Theory）。自 20 世纪 50 年代以来，很多心理学家投入到这个理论的研究中，发现了这个理论有非常广泛的应用。简单来说，当人们的行为、信念或态度与周围环境中的现实情况产生不一致时，会感受到心理上的不协调或矛盾感，从而产生一种紧张和不适。

为黑自己的人提供更多素材，为打压自己的人添柴加火，为欺负自己的人拍手叫好，其实都是利用的这个原理。当然还有更高明的。很久之前，有个犹太裁缝勇敢地在一个反犹太小镇的主街上开了一家裁缝铺。为了让他不好受，把他赶走，每天都有一帮小青年跑到裁缝店门口大吼：“犹太人！犹太人！”失眠了几宿之后，裁缝终于想出了一个好办法。他找到这些小青年，告诉他们，只要有任何人叫他“犹太人”，都将得到 1 角钱。然后他果真依照约定给了这群人每人 1 角钱。在成功得到钱之后，这帮小青年第二天叫得更起劲了，于是裁缝微笑地给了每人 5 分硬币，并且解释说今天只有这么多。这帮小青年也还算满意，毕竟这跟白捡的钱没有区别。然后接下来的几天，预算更少了，裁缝只给每人 1 分钱，并且再次解释说付不起更多钱了。可是，这 1 分钱不再有激励作用了，其中一些人开始向裁缝抗议。但是裁缝再次申明，他不会付更多钱了，要么拿着这 1 分钱继续卖力叫，要么直接走人。结果这帮人真的走了，临走的时候还冲着裁缝大吼道：“你只出 1 分钱，还想让我们叫你犹太人，真是疯了！”

为什么这帮小青年愿意免费骚扰裁缝，却不愿意为了 1 分钱这样做？认知失调理论认为，人们往往具有减少或者避免心理矛盾的动机。

允 许 自 己 做 自 己

当裁缝宣布他很乐意被叫成犹太人的时候，他把那群小青年的动机从之前的反犹太人，巧妙地转变成了金钱奖励。他成功地制造了对方的认知失调，让他们觉得自己好像是免费奉承了裁缝一样。于是当小青年没有获得足够多的报酬时，他们就不再能证明自己的行动与其目标不一致的合理性了。毕竟他们的初衷是骚扰裁缝，而不是让他开心。

最后我想告诉你，不论那些生活中的"讨厌鬼"怎么打击你、欺负你，你还是你，你的价值并不会因为别人的贬低而下降。就像一张躺在路面上的百元大钞，不管风吹雨打，不论多脏多皱，看到它的人都一定会把它捡起来，因为它还是那张 100 元，它的价值不会变。希望当你下次碰到类似的情况时，能回想起我今天的叮嘱。那样，也许你就不会那么在意了。

第三章

原生家庭，不该是你的宿命

一个人的童年经历，会对其性格、行为、心理产生一定的作用，并对其今后的人生产生较为深远的影响。虽然原生家庭对我们的影响举足轻重，但我们仍可以通过后天的努力去改变原生家庭带来的那些影响。也许我们并不能做到完全遗忘过去的创伤，但是，即使带着这些伤痕，我们也有能力活得很好。

第一节　所以一切都是原生家庭的错吗

我们每个人的一生中都有两个家，一个是我们从小长大的家，另一个是我们长大以后自己组建的家。前者叫作原生家庭，后者叫作再生家庭。目前社会上对于原生家庭于个体的影响有两种截然不同的看法，一部分人认为童年时期的影响无关紧要，所有试图把性格问题归咎于原生家庭的人都是矫情、脆弱的，是在推卸责任；而另一部分人认为一个人性格的形成、人生观和价值观跟原生家庭密不可分。在我看来，一个人的童年经历，会对其性格、行为、心理产生一定的作用，并对其今后的人生产生较为深远的影响。虽然原生家庭对我们的影响举足轻重，但我们仍可以通过后天的努力去改变原生家庭带来的那些影响。也许我们并不能做到完全遗忘过去的创伤，但是，即使带着这些伤痕，我们也有能力活得很好。在这一节里，我将会介绍一些常见的负面原生家庭环境以及它们给我们带来的影响，同时会提出一些缓解伤痛、摆脱原生家庭影响的有效方法。首先，我们先来盘点一下比较典型的负面原生家庭环境。

一、 倒置型原生家庭

我很早就明白一个道理：一个人的心智成熟与否跟年龄无关。有的人可能才二十几岁就已经心智成熟了，也有的人可能已经为人父母了，在心智上却还是个不谙世事的"孩子"。父母只是社会赋予人类的一种角色，它跟一个人成熟幼稚、有没有责任心不能直接画等号。

在很多看起来幸福和睦的原生家庭里，父母和善，孩子听话，一家人相处极其融洽。但是实际上，这可能只是假象。日本社会学家加藤谛三曾描绘过这样一种原生家庭：一家人看起来其乐融融，但实际上父母特别喜欢假借爱的名义去操控孩子，让孩子无条件服从自己的想法。孩子稍微表达出自己的想法，就会被无情打压。这类父母就像是没有长大的孩子，他们需要在孩子面前宣示权威来满足自己的情感诉求，他们希望从孩子这里得到尊重和服从。这种亲密关系模式，被称为亲子角色倒置。

《长不大的父母》一书对这类家庭关系做出了比较详细的解读——这种类型的父母，在他们小的时候通常没有得到父母足够的关注和爱，所以，等他们长大成人后，虽然岁数增长了，但是情感上依然比较幼稚，依然是个没有责任感、依赖心极强、任性妄为的"小孩儿"。他们首先会在伴侣身上寻求童年缺少的关爱，寻求补偿性满足，把对方当成自己的代理父母。如果伴侣不能弥补他童年的缺失，他就只能把这类诉求转嫁到孩子身上。他们会把孩子当成自己负面情绪的垃圾桶，并且对孩子的期待特别高，他们喜欢顺从自己的孩子。他们希望自己的问题能在孩子身上得到解决，潜意识里把孩子当成了自己的父母。

为什么亲子角色颠倒的父母，要把孩子当作发泄口？因为把情绪发泄在孩子身上，在孩子身上满足自己的占有欲、控制欲，是一件风险最低且成本最小的事儿。这种类型的父母给孩子买东西，不会考虑孩子真正需要什么，而是会买他们认为孩子需要的东西。

所以每当我听到有人夸谁家孩子乖巧懂事的时候，就会想到，这一个个表面乖巧的孩子背后，可能是需要在家里不断察言观色、忍气吞声的"情感垃圾桶"。这些孩子为了不让家长生气，必须不断地讨好、不断地撒谎。之后步入社会，他们也可能会遵从相同的模式——不敢提出自己的观点，处处顺从别人，遇到冲突矛盾就会妥协。

二、 冷漠型原生家庭

王朔在《致女儿书》里这样描述过自己跟父母的关系："小的时候是怕他们，大一点开始烦他们，再后来是针尖对麦芒，见面就吵；再后来是瞧不上他们，躲着他们，一方面觉得对他们有责任，应该对他们好一点，但就是做不出来，装都装不出来；再后来，一想起他们就心里难过。"

这样的家庭里通常都缺少"爱"，有的是父母从小不在身边，没有给予高质量陪伴；有的是父母离异，孩子从小的情感诉求就没有得到充分的满足；有的是父母很少对孩子给予鼓励，多是否定打压、责备谩骂；再或者是父母不擅长沟通，在家实行严格的管理，要孩子做到绝对服从，乖乖听话。

在这种冷漠型原生家庭环境下长大的孩子通常会出现性格问题。

（1）不会表达自己的需求和意见，觉得"反正我说了也没人听""反正我说了也没用"，那就不如不说。

（2）强烈的"不配得"感。他们通常都有一种"我不配"的心理状态，怕麻烦别人；即使自己已经非常优秀了，依然会感觉自卑。

（3）自我价值感低。他们时刻都要通过别人的评价来衡量自我价值，总是要通过付出来博取别人的好感，别人对自己稍微好一点儿，就会掏心掏肺。

不爱表达、不配得感、自卑是他们的一些性格问题，这些不会给人生带来太大的影响。但是自我价值感低，喜欢掏心掏肺，就要多加注意了。为什么呢？因为强烈渴望被爱，以至于进入社会之后，哪怕是陌生人别有用心的一点点友善，他们都会甘之如饴，涌泉相报。这也就是这类原生家庭带给人最严重的影响——让他们产生了一种卑微到骨子里的"渴望被爱"的情感需要。

三、钱殇型原生家庭

有一些孩子过早被灌输"家里穷""爸妈赚钱不容易""少花钱"之类的话。在这样的原生家庭长大的孩子，可能会出现一系列性格问题，比如自卑、缺乏主见、习惯讨好、不善于表达内心想法，总是把别人的感受置于自己的需求之上等。

在我看来，这种家庭环境跟前面两种原生家庭氛围不太一样，这类家庭的父母似乎没有做错什么事，他们对自己的孩子和颜悦色，晓之以理，竭尽所能地给他们提供各种物质条件和成长陪伴。

但是，一个人在小时候不断被灌输"生活不易""家里很穷""大人挣钱不容易"的理念，就会有心理上的负担，有一种对家庭的亏欠感。他们可能会觉得是自己导致了父母的穷困，是自己让父母变得这么不容易，把家里的贫穷归咎于自己。从那一刻开始，孩子的身上就背上了重重的"人情债"。长大以后，他们就会过分地讨好别人，在乎别人的感受。

四、蜂后型原生家庭

有些家庭结构里，母亲的性格过于强势，就像蜜蜂界的蜂后一样。处在这种家庭环境下的孩子从小就被母亲横加干涉，而且他们的情感也会被母亲操控，这种类型的家庭可以称为蜂后型原生家庭。

蜂后型原生家庭里，母亲强势，父亲过于软弱和妥协。孩子只能绝对服从，无法发挥自由意志。长大以后，一些人会出现性格缺陷。

首先，独立思考能力会下降。面对母亲的强势，你会时常感到无助，缺乏安全感，长大以后在亲密关系里会特别依赖他人。由于原生家庭导致的懦弱、不独立、不上进这些性格特点，决定了他们不太可能有什么自己的事业，无法自己独立。

其次，长期遭受打压，会让你自卑。

最后，母亲在家里像女皇一样的地位无人撼动，打不过怎么办，只能取悦，所以讨好型人格就这么产生了。因为童年长期受到批评责备，得不到肯定，得不到应有的鼓励，长大以后就会非常渴望别人的认可。

五、老好人式原生家庭

有一类家庭，在外人看来，父母可能是非常完美的人——他们有热心肠，责任心、道德感都非常强，乐于助人。然而就是这样的"好人"，回到家后却像是变了一个人。他们对自己的家人苛刻、吝啬、自私。他们把所有的善意都留给了外人，却在至亲骨肉身上肆意宣泄自己的恶意。为什么会出现这种现象？

首先，"对外人好"可以获得强烈的道德优越感。对自己的家人好，得不到这种感受，也得不到外界的好评。

其次，他们的边界意识薄弱。这也是这类家庭的通病。他们不懂得尊重彼此身为独立个体的边界，他们会理所当然地认为孩子是自己的一部分。既然他们能为了别人牺牲自己的利益，那牺牲子女的利益也就变得再自然不过了。不懂得对自己好，当然也就不懂得对家人好。

最重要的，这些人往往由于平时过于压抑和隐忍，所以他们的内心是有些失衡的。在外面表现得积极阳光、脾气好、大度宽容、觉悟高，而那些负能量呢？只能发泄到家人头上了。他们并不是不爱你，他们只是对自己感到无助和无望。他们对你的所有恶意，其实都是自己无能为力的一种表现。

在这种原生家庭里长大的人可能会出现懦弱和暴躁两种极端性格。不管你是内化痛苦还是外化痛苦，最终的表现都是一种习得性无助，自卑、绝望，觉得自己不配被人爱，却又无力改变。在这种家庭环境下成长的孩子可能会有一种很矛盾的心理：明明自己受尽了委屈，心里非常痛苦，感受不到爱，却还是要相信自己的父母是爱自己的。他们也无法把自己的真实想法向外界表达，因为在外人看来，他们的父母非常完美，完全不可能是他们嘴里描述的那样，外人只会觉得是他们在无理取闹，不懂得感恩。他们无法正确地表达自己的看法和情绪，无法真诚地表达自己的诉求，如此一来，他们的表达能力和理解爱的能力就被彻底摧毁了。

六、原生家庭是原因，而不是借口

我们分析了这么多不同类型的原生家庭，并不是为了批判，而是为了找到原因，承认事实，最后进行疗愈。不管是通过弗洛伊德的研究，还是后来一批批专家、学者对原生家庭影响的论述，我们都可以明确一件事：原生家庭跟一个人性格的形成有着密不可分的关系；父母的性格、观念和行为方式很大程度上会潜移默化地传递给后辈。

一个人的童年经历和他的后天性格几乎可以总结成一套非常准确

的公式：

· 父母情绪不稳定会导致一个人成年后的情绪不稳定。

· 父母的感情不和会导致一个人后天对恋爱和婚姻失去信任。

· 童年缺少夸奖和肯定会导致一个人后天缺少自信、自我价值感低。

· 童年的需求被忽略，或者生长在"高压家庭环境"下（经常被指责批评，没有表达自己需求和观点的权利），会导致一个人成年以后形成一定程度的讨好型人格。

虽然原生家庭是你现在很多性格问题的成因，但我并不认为它是你不作为的借口。相对于弗洛伊德的原因论（又被称为宿命论），阿德勒提倡的目的论让我觉得对个人成长更有帮助。阿德勒认为"人可以做自己的主人"，你的人生不是别人赋予的，而是自己选择的。

我曾经分享过一个真实的例子：纽约有一对双胞胎出生在一个条件特别差的犯罪家庭里，爸爸妈妈都是罪犯。但是长大之后，这对双胞胎中的一个成了有名的议员，另一个成了罪犯。你看，相同基因、相同原生家庭环境的两个人，最后的结果却是天壤之别。有人因为恶劣的家庭环境而自暴自弃，有人则为了摆脱这种"有毒的家庭"而奋发图强。这也就是心理学家阿德勒提出的：一段经历、一段心理创伤，不会是人成功或失败的全部原因，人们赋予这段经历或伤害以什么意义，才会最终决定我们的人生走向。

显然，阿德勒的目的论更积极一些，它能让人挣脱过去的枷锁，去真正做出改变。现在有很多理论都在强调原生家庭对人格塑造的重要性，但是我认为，我们不应该将原生家庭对人的影响"妖魔化"。无数人的例子已经证明，我们有办法跳出这种宿命论。在我看来，了解你性格、行为、认知等一切问题的由来就是你改变的第一步，希望你能把原生家庭当成解决问题的线索，而不是你最终的命运。

第二节　正确地挣脱"操控"

情感操控，也就是"PUA"，是现在非常流行的词。生活中的情感操控无处不在，它不仅发生在朋友之间、恋人之间、老板下属之间，也发生在原生家庭里。很多父母会打着"都是为你好"的旗号，强迫你完成他们的想法。操控型父母的潜意识里写满了：我希望你能永远需要我，当你试图离开我的时候，我会非常痛苦。我不能承受失去你的那份痛感，因为你是我的一部分和我存在于世上的唯一目的。

听上去很可怕对不对？但这确实是很多操控型父母的内心戏。因为害怕不被需要，担心自己被抛弃，所以他们会尽一切可能地让自己参与到孩子生活的方方面面。操控型父母（又称为权威型父母）的通常表现为：过于严格的管教以及不切实际的期望值。早在 2003 年，美国心理学家格罗尼克教授就在她的书中指出，操控型父母往往会对孩子施加过多的心理和行为控制，导致孩子的内在动机受损。当父母过度干涉孩子的生活时，孩子可能会感到被束缚，无法自由地发挥自己的能力和兴趣。这可能导致孩子在学习、社交和心理方面出现问题，如低自尊、抑郁和焦虑等。操控型父母存在的原因可能有以下几点：

·传统观念：在某些文化和家庭中，严格的教育观念被认为是培养孩子的有效方法。因此，这些父母可能认为他们的操控行为是为了更好地培养孩子。

·自身成长经历：操控型父母可能在自己的童年时期也曾经历过类似的教育方式。这使得他们在成为父母后，将这种行为模式沿袭下来，认为这是教育孩子的正确方法。

·过度保护：操控型父母可能出于对孩子未来的担忧，担心孩子无法独立应对生活中的挑战，因此过度干涉孩子的选择，以保护他们免受失败和挫折的伤害。

·自我投射：操控型父母对孩子过高的期望很大程度上来源于一种自我投射。他们认为孩子是自己生命的延续，希望自己曾经没有完成的梦想可以在孩子身上实现。这种不切实际的期望可能导致父母过度控制孩子的生活，以确保他们可以实现自己期望的目标。

允许自己做自己

一、什么人更喜欢操控

总的来说，可能有两类人更喜欢操控别人。边缘型人格障碍和依赖型人格障碍。

有边缘型人格障碍的人，他们的自我认知和情绪会经常变化，很怕被抛弃，他们会通过唤起对方的负面情绪来进行情感操控。如果对方不按他希望的方式做事，他就会让对方不好过。你身边应该会有这样一种人，他们对你的期待很高，如果你不能按他的要求来做，他就会立刻甩脸色或者发脾气，事后再跟你道歉。不知不觉，你就会在潜移默化中不断修正自己，朝他期待的那个方向去做了。

有依赖型人格障碍的人非常需要被关心、被关注，非常害怕与人分离。一旦接触时间较长，他们就会像"狗皮膏药"一样贴紧你，无论做什么事都要跟着你。久而久之，你会感到身心俱疲。

二、常见的操控方法

那他们究竟是怎么操控你的呢？主要有五大类常见的方法。

直接控制：非常直接地表达自己的想法，比如你穿什么衣服，看什么书，学什么专业，甚至长大以后做什么工作，找什么样的伴侣，你都要听从他们的意见，不允许有反对意见。

频繁挑毛病：他们总能在你身上故意挑出令他们不满意的地方。因为只有这样才能证明孩子需要父母的帮助。

用威胁达到目的：他们只会用威胁的方式说话，比如"你不按我说的做，我就不理你了""考得不好就别吃饭了""5点前不回家就别回来了""你要惹我生气，我就不给你钱了""如果不按我说的做，你就不再是这个家里的一员"。

情感勒索：他们总是过度使用一些话术，比如"我这一切都是为了你""我起早贪黑辛苦挣钱都是为了你""要不是因为你，我可能早就不上班了""我这么不容易，你可一定要听话"等，让孩子产生愧疚感，从而否定子女的合理诉求。

隐秘操纵：这种方式相比于直接控制不易被人察觉。在日常生活中，我们也会采用某些隐秘的方式去达到目的，比如我们会采用假装看表的方式暗示自己时间紧张，从而让对方结束对话。然而，总有些父母把它拿来用在对子女的操控上。比如有些父母会以为孩子的房间打扫卫生的名义，不打招呼地进入子女的房间，探查子女的隐私。这类隐秘的操控因为披上了"合理"的外衣，所以非常不易被察觉。

三、操控的危害

常年被情感操控的孩子，通常会表现出以下问题：

（1）晚熟或者心智不成熟、不独立、能力低下。因为从小无论大事还是小事都是父母拿主意，所以自主生活的能力没有得到锻炼。

（2）心理依赖。因为常年都依靠父母做决定，所以心理上会形成一定程度的依赖，以至于长大以后面对很多事，依然无法自己拿主意。

（3）自卑、讨好、强烈的不配得感。在父母常年打压式的教育方式下，自己的需求得不到满足，观点得不到表达，自身也得不到认同。

（4）抑郁和焦虑。长期受到父母情感操控的孩子可能更容易出现抑郁和焦虑症状。由于内在动机受损，他们可能难以调整自己的情绪，从而导致心理健康问题。

（5）人际关系问题。由于情感操控，孩子可能在与他人建立关系时遇到困难。他们可能无法建立起健康的亲密关系，或者在人际互动中表现出过度依赖、紧张和担忧。

（6）外部归因。受情感操控影响的孩子可能更倾向于将成功和失败归因于外部因素，而不是自己的能力和努力。这可能导致他们在面对挫折时更容易感到沮丧和无助。

四、远离操控

鉴于情感操控带来的不良影响，我们应该怎么摆脱控制，怎样才能无忧无虑地做自己呢？推荐给你四个方法：

（1）拖延。当操纵者提出需求的时候，我们往往很难在第一时间就做出反应，想出委婉拒绝的方法，此时，你可以先想个借口，拖延一下，比如 "我需要考虑一下再答复你"，这样可以为自己争取一点思考和应对的时间。如果你能在第一时间把对方的诉求拖下来，局势可能就会大不一样了。不要把拖延理解成逃避问题，最终我们还是会去解决问题，只不过通过暂时的"喘息"，让我们有更充足的思考问题的时间，从而可以从容地制定应对方案。

（2）冲突训练。设想一些让你感到紧张焦虑的场景，对着手机把这些场景用自己的话描述一遍，录下来。找个放松的时间，自己一个人，把这些内容放出来，每次听完之后反复告诉自己："这不算什么！"每天一次，连续一两周，你就完全学会和那些负面情绪和冲突场景相处了。

（3）贴标签。给对方的行为定性、贴标签，把"阴谋"变成"阳谋"，打破操纵关系。你可以明确地告诉你的父母，他们做错了什么事以及你的真实感受。当然，重点要放在你的感受和诉求上，而不是评判和指责。

（4）重建。上一步已经打破，这一步该重建了。拟出一个合约，告诉父母你愿意和不愿意做什么以及你的底线在哪儿，探讨一个双方都能接受的方式。

以上的这些方法对除了原生家庭以外的人际关系也同样适用，而且据我的经验来看，会更有用。原生家庭于我们来说是一种血脉的羁绊，它不像朋友关系、同事关系、亲密关系那样可以轻易解除。尤其是，很多人尚未经济独立，没有能力远离自己的原生家庭，也没有任何可以牵制对方的方法，这就使得摆脱操控变得难上加难。你的父母完全可以切断你的经济来源，斩断你的所有社交活动，但是你却没有那么多的选择权。所以，要想摆脱操控，我们要有办法"说不"，有

能力拒绝。我相信，大多数父母是讲道理，并且尊重子女诉求的，当
你使用以上办法来做时，也一定能取得一些不错的效果。

第三节　拯救你的只有自己

既然原生家庭对我们的影响已经发生了，伤害已经形成了，与其
试图改变你的父母，让他们变成你期待中的样子，倒不如想想怎么才
能缓解这些伤痛，并且努力把童年时期对我们的负面影响降到最低。

一、一套有"bug"的操作系统

负面的原生家庭相当于装入我们大脑的一套有"bug"的操作系统。
在这套系统之上，我们后天会继续加装各种应用程序。因为有"bug"
出现，这个时候程序就会锁死，系统就会崩溃。你童年受过的那些创
伤是最先存储在记忆里的，后天如果有相似的场景触发它，小时候对
这些创伤的感受就会被唤起，而后你会采取类似的应对方式。

在一本非常有名的心理学著作《0次与10000次》里提到过一个
案例。有一个叫诺拉的姑娘，生活幸福，事业有成，有两个优秀的孩
子和一个体贴的老公。可以说，诺拉应该算是众人眼中的"人生赢家"
了，但她却有着不为人知的内心世界。某一次，诺拉的同事讲了一个
她没有听懂的笑话，在别人都哈哈大笑的时候，诺拉一下子变得不知

所措，感觉自己和周围的环境格格不入，并且认为自己被大家孤立和抛弃了。她开始用她所熟悉的方式来应对这种不适感——埋头工作，自我封闭，好像自己忙一点，这种"被众人抛弃"的感觉就能很快消失一样。可是谁知道有一天，当她的同事无意中提到这件事的时候，诺拉情绪突然崩溃，忍不住掉眼泪。诺拉知道自己反应过度，但是她就是控制不住。

类似的场景出现过很多次，每次诺拉都有类似的反应。后来在心理咨询中发现，诺拉这种反应的根源来自她的童年。诺拉小时候经常被妈妈寄养到各种亲戚家，这里住半年，那里住半年，频繁地更换住所和转学，就导致诺拉永远都是新来的转校生。她身边没什么朋友，而且也很难融入新环境，就这样她经常遭到孤立、排挤甚至受到同学的欺负。就是这样的童年环境造就了诺拉这种脆弱敏感的性格。于是每次当她在办公室出现哪怕一丝不合群的感觉时，她小时候的情感体验就会被迅速激活，然后她就会采取相同的应对措施。

通过这个例子，你应该已经明白，生活中那些反复出现的失控行为、情绪崩溃背后的由来了。就像我们刚才提到的那个有"bug"的操作系统，多数情况下都是运行正常的，但是总有一些时刻，系统就会出现问题。想要解决这些重复出现的问题，我们需要搞明白这些模式背后的深层次原因，然后对症下药，给系统打补丁。

二、人有着无比强大的自我修复功能

谁都无法拯救一个不想自救的人，即使有几十个心理咨询师来帮助你，如果你认定自己没办法走出原生家庭的阴影，那也无济于事。事实上，无数实验和例子都已经证明，人心的修复功能是极其强大的。

有研究表明，人们在面对创伤和挑战时，可以通过积极情感体验（如乐观、希望和感激）来缓解情绪负担，减少心理创伤的后遗症。除此之外，心理学家还发现，社会支持可以促进内心修复。人们可以通过寻求亲友的支持来缓解情绪压力，获得新的希望和信念。这一点我相信很多人深有体会——通过向朋友倾诉，就能让我们对很多事情瞬间释然。很多时候，当你把心底的烦恼和恐惧说出来之后，你的负面情绪也就少了很多。很多研究还表明，冥想和正念练习可以改善身体和情绪上的负面反应，提高内心修复功能。

有些人在经历创伤后，通过重建自我故事来促进原生家庭创伤的修复。这种方法包括重新审视过去、重新评价经历、调整自我形象和建立新的自我意义。比如著名的电视主持人、演员和慈善家奥普拉·温弗里在童年时期经历了性虐待、家庭暴力和贫困等多种困境，而她就是通过读书、写作、精神探索和自我教育等方式，重新审视过去，重新建立自我形象，从而帮助自己走出心理创伤，成了一个成功和积极的人。

还有研究表明，身体运动可以帮助人们缓解情绪，改善心理健康。运动不仅可以减轻压力和焦虑，还可以帮助人们增强自我感觉和建立积极的自我形象，比如已故著名演员罗宾·威廉姆斯，他曾在成长过程中受到父母离异、搬家、父母反复结婚等多种不稳定因素的影响。在心理医生的建议下，他通过运动治疗和心理治疗的方式，帮助自己成功克服了抑郁症和成长中的心理创伤。

心理学家还发现，人们可以通过参与自我发展的创造性活动来修复破碎的内心，如写作、绘画、音乐等。这些活动不仅可以帮助人们表达情感，还可以帮助人们理解自己的经历，增强内在的弹性和恢复力。比如著名歌手黛米·洛瓦托在成长过程中受到了欺凌、药物滥用、饮食障碍和精神疾病等多种困扰，她通过音乐创作、写作等方式，成功地克服了心理创伤，成为一个倡导精神健康的公益活动家。

所以，原生家庭对你的负面影响再大，也不过占你人生的一小部分，你有充足的时间去抚平自己的创伤。但如果你一边不断抱怨命运的不公，一边又对科学有效的方法无动于衷，那么原生家庭对你的影响可能将永远无法缓解。

三、你的父母终究只是普通人

你的父母也是普通人，有各种各样的缺点，他们既没有先进的教育理念，也没有老师教他们怎么为人父母。所以，他们拼尽全力也可能只比他们的父母做得稍微好一点。当你理解到这一点后，希望你能通过自己的努力走出原生家庭的阴影，并且在面对自己的父母时能够做到平和对待，淡然地看待这一切。

允 许 自 己 做 自 己

当你明白了自己性格中的弱点，意识到你的这些性格问题并不是你的错之后，如果你想做出一些改变，你可以从以下两个部分入手，这两大部分分别是疗愈和修正。疗愈篇旨在缓解你曾经遭受的或者当下正在经历的创伤，让你好受一点；而修正篇旨在帮你摆脱过去的负面影响，修复大脑里的"bug"，让你重获新生。

四、疗愈篇

1. 记忆冷冻

原生家庭对人主要的影响之一在于记忆。有些难过的记忆就像我们头脑中的定时炸弹，动不动就会跳出来扰乱我们的心神。有一个叫作记忆冷冻的方法你可以试试。找到童年里那些让你觉得窘迫、难受、委屈甚至绝望的记忆片段，把它们写出来。在记录的时候，遵从"只记框架，不记情绪"的原则——只记录那些具体发生的客观事实，不写当时的情绪。书写的过程，其实就是情绪缓和的过程，每当类似的场景被触碰，回忆开始泛滥的时候，这些有逻辑的客观叙述，就可以把你迅速地拉回来。你的记忆将不再鲜活，不再有温度，而只是一段段冰冷的文字。人是不可能一直逃避痛苦的，只有勇于正视过去，我们才能真正走出来。你可以在状态不错的时候，对着这些文字勇敢地看几遍，把你的经历说给你信得过的朋友听，正视这些经历带给你的影响，并且大声对自己说几遍"这不是我的错"。这个仪式，就是在跟过去的记忆说再见。

2. 安抚那个"受伤的小孩"

在《0次与10000次》一书中作者提出了一个很新颖的概念。他认为我们每个人的心里都住着一个"内在小孩"。而对于那些遭受过原生家庭伤害的孩子，他们的心里往往住着一个"受伤的小孩"，他来自童年时期被拒绝、被忽略、被排挤的经历。在这一步，我们要做的就是找到那个"受伤的小孩"，了解他，并且满足他的需求。找一个安静舒适的环境，尽可能地回忆当年让自己难过、受伤的时刻，细节越多越好。找到了当年的感受，你也就锁定了那个"受伤的小孩"。接下来我们需要把这种感受和当下的自己进行分离。我们要意识到这是当年那个"受伤的小孩"的感受，跟现在的自己无关。为了更方便地进行分离，我们可以物化那个"内在小孩"，比如给他起名字，找一个玩偶，把它当成是"内在小孩"的载体（内在小孩治疗法其实是一种常见的心理治疗方法）。分离完成之后，我们需要识别并尝试满足那个"内在小孩"的需求。这里有个简单的方法，就是给"受伤的小孩"写信。我们可以把那些鼓励、积极的话说给他听，并且写出自己愿意为他做些什么。通过这些操作，我们不仅在一定程度上和过去的自己进行了分割，更关键的，我们凭借现在的认知把过去的自己成功地解救出来了。

3. 引入专业的心理咨询

对于某些深受原生家庭负面影响的人，最直接、最有效的方法莫过于进行心理咨询了，尤其是那些患有比较严重的抑郁症、焦虑症的人。很多人对于心理咨询都有一些误区，有人认为自己已经熬过了最难的时光，没有必要进行心理咨询；也有人觉得心理咨询应该是立竿见影的，如果通过一两次心理咨询没有感到明显的效果，就会放弃；还有人期望在心理咨询中获得一些有实质指导作用的建议。心理咨询通常是一个漫长的过程，很多问题是很难在短期内就看到效果的，这就需要你跟心理咨询师建立长期稳定的治疗关系。最关键的，很多心理咨询师是不会直接给出建议的，因为仅仅通过一些简单片面的了解，贸然给出建议，是一种非常不负责任的行为。但即使这样，心理咨询对于创伤的疗愈还是非常有效的。市面上有很多非常科学的治疗方法，比如情感焦点治疗（EFT），认知行为疗法（CBT），家庭治疗，等等，这些方法都是经过大量科学实践，已经被证明的有效、可靠的治疗手段。

五、修正篇

1. 后生家庭

我们之前说过，原生家庭带给我们的影响就像是一套有"bug"的操作系统。操作系统坏了有两个方法可以解决：一个是重装一遍，另一个是打补丁。人生中碰到大挫折、大崩溃，伴随而来的认知层面的打碎重建，可遇不可求，这就像是重装系统。而找到一个可以疗愈你的另一半，用后生家庭（再生家庭）去治愈童年就有点像打补丁。

　　一个温暖的伴侣，一个无条件爱你的另一半，可以有效地帮你修复你的性格问题。比如著名女演员、第89届奥斯卡最佳女主角艾玛·斯通，她因为原生家庭等一系列问题在童年时期就早早经历了焦虑和抑郁症。但是在她和丈夫戴夫·麦卡里的关系中，她得到了前所未有的安全感和支持，这段健康、幸福的关系也帮助她变得开始乐观积极了。根据心理学家约翰·鲍比的依恋理论（Attachment theory），如果我们经历了不安全的依恋关系，这可能会导致情感问题和行为问题。与另一半建立安全的依恋关系可以提供安全感和面对生活的信心，帮助我们修复童年创伤。心理学家理查德·C.施瓦茨也提出，每个人都有多个内在子人格，这些子人格代表了我们不同方面的需要。当我们经历童年创伤时，这些子人格可能会分裂或变得不协调，导致我们出现情感和行为相关的问题。而与另一半建立健康的亲密关系可以有效帮助我们整合内在子人格，恢复内在的和谐。所以，如果你在一段亲密关系中，发现自己变得越来越好、越来越积极了，那么恭喜你，你找到对的人了。

2. 找到分寸感

　　受原生家庭的影响，我们不少人在后天会出现缺爱、付出型人格、讨好型人格这些状况。这就需要你找到分寸感，树立你的边界。你要把你周围的人非常明确地分成四大类，分别是：跟你没关系的普通人；对你示好的人；可以成为普通朋友的人；可以成为兄弟姐妹的人。

平时跟你一起工作、上课的人，应该算是没什么关系的普通人，你不用刻意讨好，更没有义务满足他们的任何需要，因为你并没有亏欠他们；有些人可能平时会向你展现一点善意，比如给你一些帮助，这类人属于"对你示好的人"，你要记住，将来万一他们有麻烦了，如果力所能及，可以伸出援手；有些人跟你聊得来，性格也不错，你们尊重彼此，真诚相待，那这类人可以被称为朋友；如果在这些朋友里，有些人跟你三观特别契合，对你毫无保留，甚至会牺牲自己的利益去帮助你，那么这些人可以成为"兄弟姐妹"。当然，以上这些划分是高度动态的，你要以成长的视角去看待你的关系分类。

对于很多在负面原生家庭环境中长大的人来说，掌握这份分寸感和边界感很重要。有类似问题的朋友，可以加强"人群划分法"的刻意练习，并且严格遵守和执行。究竟什么人值得自己帮助、什么人值得牺牲一定的利益去帮助、什么人值得自己掏心掏肺、毫无保留地付出，都要烂熟于心。

3. 教育和经历

《你当像鸟飞往你的山》一书中的主人公（同时也是作者）塔拉·韦

斯特弗，在扭曲和极端的家庭环境中长大，凭借自我教育习得了基本的常识和认知，最终挣脱了原生家庭的束缚，拥有了自己幸福的生活。弗洛伊德认为，人类为了保护自身，会发展出一系列应对外界挫折的方式，称为防御机制。而投射就是防御机制的一种，也就是把引发焦虑的事情转嫁到他人身上。父母会把自己的想法，投射到你的身上，而你和他们的牵绊越深，接受的投射也就越多。从某种意义上讲，这些投射构成了今天的你。同样，你读过的书、受到的教育，也会让你接受不同的投射，你的认知边界就会被拓展。这时，你过去受到的那些创伤就会被洗刷得越来越淡。你会非常清楚地知道对与错，知道当消极负面的想法涌上心头的时候，你该怎么抵抗和缓解。

4. 行为矫正

负面的原生家庭环境不仅会给我们带来难以愈合的心灵创伤，更可怕的是它会潜移默化地影响我们对待事物的想法和态度。比如，同样是两个非常优秀的员工，在面对一次升职机会时，普通人会勇敢争取，而在冷漠型原生家庭中长大的人可能会产生强烈的不配得感而最终放弃机会；同样是面对冲突，面对自己的利益受到损害的情况，普通人会据理力争，而在钱殇型原生家庭中长大的人可能会选择息事宁人。所以，要想真正摆脱原生家庭的不利影响，校正我们的行为模式必不可少。

推荐一个非常简单好用的方法，叫作想象行为训练（Imagery Rehearsal

允许自己做自己

Therapy）。它是一种心理治疗方法，旨在通过想象和重演某种情境或事件，帮助个体改变对这种情境或事件的反应和情绪体验。我们要在大脑中制订一个预演计划，越详细越好，把可能遇到的阻碍、冲突，还有自己可能会产生的情绪全部在大脑中过一遍。比如，针对场景"我的好朋友找我借钱"，我们可以做如下想象：

· 发生场景：想象朋友到自己家里做客，闲聊期间，朋友提到他欠了外债，需要借钱周转。

· 情绪感受：想象自己面对朋友的请求，感到尴尬、难受，不想答应，但是又害怕朋友对自己有负面想法。

· 重塑场景和感受：想象自己可以坦然地拒绝朋友的请求，并且感到从容和淡定，没有任何不好意思的感觉。

反复练习以上几个步骤，逐渐增加练习的时间和频率，直到自己可以完全克服恐惧，熟练地拒绝别人为止。

关于原生家庭，希望你能明白：人生是自己的，与他人无关。不管你曾经在原生家庭里遭遇过什么，请你记住，一切后果最终还是由自己来承担。在我看来，阻碍我们从原生家庭的阴影里走出来的一部分原因在于父母，还有更大一部分原因在于自己。那些抱怨命运不公，责怪被原生家庭伤害，却又不愿改变的人里，绝大多数都是害怕选择、不想承担后果的人。他们把选择权交给父母，把自己的失败都怪罪到原生家庭上，实际上只是在逃避问题。在剪断脐带，与母体分离的那一瞬间，你的人生便已经开始了。这是属于你的，独一无二的体验。希望你用长期主义去冲淡过去的伤，去学习更多的知识，遇见更好的人，自己拯救自己，这才是你摆脱原生家庭伤痛最好的方法。

第四章

沉浸比某种自律更重要

真正的自律不是自我约束、自我压抑、自我对抗，而是一个人因为内心得到自由，对外显现出来的样子。比某种自律更重要的是找寻你内心的自由。你的任何决定，由此而产生的任何行为，都应该源自你的个人意志，而不是外界或者他人的强迫。

第一节　真正的自律可能并不存在

法国作家蒙田曾说，真正的自由是在所有时候都能控制自己。古希腊哲学家柏拉图也曾说过，自制是一种秩序，一种对快乐与欲望的控制。每个人都特别羡慕那些自律的人，但是自律真的有用吗？什么样的自律对我们来说是有效的并且是可以快速实现的？怎样才能拥有惊人的意志力？怎么戒掉身上的瘾？

一提到自律，我们首先想到的就是那些为了呈现更好的状态，时刻注意保持身材的演员或者每天严格执行作息表的商业大亨。但是在我看来，这些人并不是很自律的人，他们不过是在按照自己的方式生活的人。我们说的自律需要对抗自然、折磨自我、牺牲一切，比如要减肥，我们就要坚持断食，坚持每天运动几个小时。但是在我们看来那些非常自律的人，他们并没有这么折腾，他们只是简单地按照自己的食谱和自己的生活方式度过每个平凡的一天而已。

第四章

沉浸比某种自律更重要

一、真正的自律

在我看来，真正的自律不是自我约束、自我压抑、自我对抗，而是一个人因为内心得到自由，对外显现出来的样子。

乔布斯是如何自律的？他每天凌晨 4 点起床，9 点半前就把一天的工作都做完了。我还记得当时第一次听老师给我们讲完这个故事，我的第一反应就是"这只是乔布斯能做到的"，我们大多数人可能都没有每天 4 点半起床工作的动力。因为没有什么事情值得我们如此早地起来处理，也没有什么工作值得我们如此拼命。我相信没有几个普通人可以做到像乔布斯一样自律。

所以，我认为真正的自律源于内驱力，因为心中有对所做之事的极度热忱，所以甘心情愿起早。当你做一件事的时候，没有对抗自己，只是乐在其中，不觉得疲惫，这样才是真正的自律。比如减肥，当你不再迫于外界压力，只是自己想要那么去做，并且在减肥的过程中，知道具体怎么做，能看得到结果，能沉浸其中感觉到纯粹的快乐，这才是自律。如果有人强迫你去做，或者每天折腾自己，那你大概率都会放弃。或者即使减肥成功，最后还是会反弹。

二、如何做到真正的自律

1. 科学合理的方法

一个科学合理的方法应该是能微小到不太需要耗费意志力的。

允 许 自 己 做 自 己

就像李松蔚在《5% 的改变》一书中所写："往往是个小变化，看起来不太起眼，甚至好像和之前没有改变。但是，恰恰是因为小，所以可能绕过惯性的警戒，帮助你真的行动起来。新的行动带来了新的经验，而当新的经验打破惯性的时候，改变就一步一步地发生了。"再比如"自律窗"理论：你不需要把所有的地方都整理好，只留出一眼能看到的一块地方，让那里时刻保持整洁，除此之外的地方再怎么乱都可以，这块地方就是你的"自律窗"。当你每天把这块地方管理好时，就可以骄傲地对自己说："今天我也是自律的人。"而此时的小改变，可能会成为破局的关键。因为做出了行动，所以状态变好了一点，又因为状态好了一点，就又能做出更多的行动。只要动起来，行动本身就会开启向上螺旋——最初的小改变一旦被激活，身体自然会越来越有力量，你会越来越积极，能做的事越来越多。这就像是在滚雪球，从最初的一点点开始，越滚越快、越滚越大，到最后你想放弃都难了。

2. 即时反馈

很多时候你不能做到所谓的自律，本质原因是反馈不够清晰或者见效时间太久。人是特别短视的动物，如果你的目标太远大，反馈时间太长，那你很大可能会放弃。为什么有人在背英文单词时背着背着就放弃了？就是因为反馈不清晰，你需要花很长的时间背下几千个单词，而这些单词并不能马上为你的成绩带来立竿见影的效果。所以，反馈越及时，反馈的内容越清晰具体，越有助于激发一个人的内在动机，提升个人表现。为什么人会对游戏上瘾，因为即时反馈。你每一次的技能升级，新装备的获得，都可以立刻在游戏中得到反馈。

3. 集中精力做最重要的一件事

"股神"巴菲特有一个私人飞机驾驶员叫弗林特。这个世界上每天有无数人排着队、挤破头就想花几百万美元跟巴菲特吃一顿饭，而天天围在巴菲特身边的弗林特怎么会错失这种免费学知识的好机会？有一次，弗林特就在空闲时间向巴菲特请教了一个问题，他想让"股神"给他的职业生涯支支招。巴菲特首先让他把职业生涯里最想做的25件事写到纸上，他按要求写了25件事。接下来，巴菲特让他把其中他认为最重要的5件事圈出来。弗林特也照办了。然后巴菲特问他："现在你知道该怎么办了吗？"弗林特想了想，回答道："我知道了！我要分清优先级，最先完成这最重要的5件事，剩下的20件以后再说。"没想到巴菲特说："不，弗林特，你只说对了一半。你要集中精力做那最重要的5件事，剩下的20件，你应该像躲避瘟疫一样避开它们，不要在上面花费哪怕一分钟。"

我们每个人的意志力极其有限，尤其是对于步入职场的人来说，每天可以自由支配的时间更是少得可怜。如果你同时有太多事情要做，就会损耗你的大部分意志力。所以，要把精力集中在最重要的那几件事情上。事实上，对于我们普通人来说，同一阶段只专注一件事是最好的。

三、一个更大的梦想

在外界看来的"自律标兵"之所以能长时间去做那些看起来特别需要意志力的事情，几乎都是因为他们有一个更大的梦想。这个大梦想帮助他们战胜了其他的小欲望、小诱惑。比如每天早上4点半起来训练的科比，他之所以能克服太多的阻碍，是因为他内心中的那个大梦想——赛场上的荣誉感，以及作为球队老大带领球队往前冲的使命感、责任感。这个大梦想大到足够超越那些影响他早起训练的小欲望。

我们经常能看到某些形式主义的自律：每日打卡，每日早起两小时，每周学习监督等。绝大多数搞这种形式主义自律的朋友，最后几乎都是以失败告终。道理很简单，因为他的内驱力不够，不能对抗生活中的一个个小诱惑。一旦你找到了那个可以给你力量的大梦想的时候，你在实现目标的这条路上就不会遇到太多阻碍，就可以实现自律。

所以，如果你还在为不够自律这件事儿而自我折磨，现在是时候放下它了。比某种"自律"更重要的是找寻你内心的自由。你的任何决定，由此而产生的任何行为，都应该源自你的个人意志，而不是外界或者他人的强迫。当你不再坚持去做某事，而是沉浸其中，

享受追求成果的快乐，在达成目标的时候，才会有发自内心真正的
快乐。

第二节　为什么越自律越平庸

在生活中，很多时候我们越是自律，结果反而越糟糕。有时候努
力折腾很久结果竟然不如躺平摆烂，这极大程度地打击了那些自律者
的信心和积极性。

我在上高一时是一个学习不怎么努力但成绩却还不错的人，升入
高三之后，我觉得自己努力一下非常有可能考进清华北大，于是我开
始奋发图强，给自己制订各种严苛的学习计划，还搞出一套"精英作
息表"，每天早起晚睡，周末全天补习，就连课间十分钟都不放过。
就这样持续了半年，我的学习成绩一落千丈，精神状态也差得一塌糊
涂，我几乎崩溃了。

后来险些要休学的我，偶然看到一篇文章，里面有一句话让我印
象特别深刻，文章里说："人就像弹簧，没有压力或者压力过大，都
会废掉。"那一刻，我醍醐灌顶，开始放松自己，不再给自己太大压
力。就这样抱着一种极度放松、随遇而安的心态，我的成绩反而回升
了不少。

允许自己做自己

一、间歇性放松

很多人对努力这件事都有一种误解，他们认为，在一件事儿上砸时间，甚至完全牺牲掉休息时间，把自己的生活全部填满，才能把事儿做好。这种把"砸时间"等同于"很努力"、等同于"有效果"的思路从本质上是错的。

人是需要休息的，就跟弹簧一样，只有一松一紧才能让它达到最大弹性。间歇性地放松是为了持续性的努力。很多人为了提升自己，为了变得更好，为了实现自己的目标，会把自己的生活填满。然而，你的计划再紧凑、再完美，也需要足够的精力来完成。如果一件事让你筋疲力尽，那一定是不会有好结果的。

还记得我刚毕业进入第一家公司的时候，老板把我叫到办公室，跟我简短地介绍了部门情况之后，他问了我一个问题："你觉得在工作中什么最重要？"我听完想都没想就回答他："我觉得是态度。"他摇摇头，语重心长地说了一个单词"Impact"（影响）。后来我才知道，这也是所有500强公司衡量员工升职加薪的重要指标。也就是说，你的工作不仅要有结果，而且要有影响力；你的工作产出要对客户或者公司有价值。目标思维、价值导向真的特别重要。在我看来，很多人都是自律的"奴隶"，他们天真地认为折磨自己就等于成功，沉浸在这种廉价的自我感动里。他们不关心目标、进度、方向，只关心他们够不够努力，有没有自律。这种想法是完全错误的。

二、自律洁癖

很多人无论做什么事儿都特别喜欢打卡，比如每天在健身 App 里打卡，在参加的各种课程里打卡。这些人似乎养成了"自律洁癖"，但很少有人能成功坚持到最后。中间总会有几次因为各种原因没打上卡，结果前功尽弃。

生活中，你会不会因为落下了两个章节的课，就干脆放弃这一整门课？你是不是永远都需要给自己留出足够的时间，才能开始学习？似乎我们每个人都有自律洁癖，特别喜欢因为某件事没有坚持下来就半途而废。坚持打卡的执念，很多时候会带给我们很大的压力。仔细想想，这是不是本末倒置？

这就像心理学上的"破窗效应"——如果有人打坏了楼里的一扇窗户，如果这扇窗户没有得到及时的修缮，那久而久之这扇窗户只会越破越大。人是无法保证意外不会发生的，这就像我们没有办法确保自家的窗户永远完好无损一样。当我们因为某些原因没能做到自律的时候，最好的做法就是把注意力集中到之前做到的事上。当你坚持打卡 10 天后，在第 11 天暂时中断一下又能怎样呢？可不要小看这种转变，它使得我们增加了对于放松行为的掌控感，也就是说，你从之前的内耗焦虑的自责心态转变成了"这一切都在掌控之中"的积极心态。心态健康了，后面的工作也自然会效率倍增。

最后，也许你应该思考一下，那些没有达成的目标、没有实现的愿望，真的是因为时间不够吗？真的是因为自己不够努力吗？所以，与其纠结怎样才能更自律,想方设法榨干自己仅存的那点时间,费尽心思地把自己塞进一个又一个疯狂的自律计划中,倒不如反思一下是不是自己的方向选错了?是不是自己的方法不对?低效的方法再加上不懂反思、不做调整,一味地埋头苦干,结果就是浪费了时间,事情还做不完,内心自责焦虑,怀疑自我。

所以,在我看来,一味地自律是不可取的,我们需要有必要的休息、有计划地自律。同时,我们也应该停下来反思自己,及时思考转变策略。

第三节　心流体验:专注的极致状态

沉浸式体验是当下比较热的一个词,人们从声、光、电,人、物、景入手,营造一个脱离现实的环境,让你进入情景中进行深度体验。大家熟悉的剧本杀、密室逃脱、4D 电影等都属于沉浸式体验的范畴。这类项目之所以会大热,表面上看是因为它创造了一个全新的环境,深层次的原因是它抓住了最本质的东西,那就是参与者的"心流体验"。

一、你所不知道的心流体验

心流这个词是个舶来品,英文里叫 Flow。最早提出心流体验概念的,是匈牙利裔美国心理学家米哈里·契克森米哈赖,他对心流体验的定义为："当人们沉浸在当下着手的某件事情或某个目标中时，全神贯注、全情投入并享受其中而体验到的一种精神状态。"

当你做某件事情的时候，你会觉得自己非常投入，事情进展得非常顺利，你的每一个动作，每一个想法都如行云流水般呈现。此时此刻你已经进入了一种极度专注的精神状态，你会忘掉身边的一切，比如饥饿、寒冷、疲惫，甚至你自身。而这种状态，恰恰让你的能力发挥到了极致，这也是佛教中所说的"无我"状态。

下面，我用一幅图来告诉你，什么是真正的心流体验。

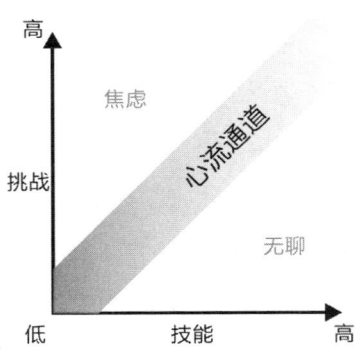

横坐标代表你的技巧水平（技能），纵坐标代表事情的难度（挑战）。

（1）假如你的能力偏高，事情却很简单，那么产生的结果就是无聊。比如流水线上的工人，每天的工作就是重复劳动，任务太简单，找不到存在感和价值感。

（2）如果你的能力偏低，但是事情难度太高，产生的结果就是焦虑。比如一个新入职的程序员被分到了一个难度超高的项目中，他可能会处处碰壁，经常感到焦虑。

（3）当你的能力很低，事情的难度也很低的时候，虽然能力和工作难度相匹配，但这并不是心流，而是无感。这种状态持续久了会带来比较消极的结果，你会找不到生活的意义。

（4）当你的能力水平偏高，事情的挑战难度也偏高的时候，你才有可能进入心流状态。

二、进入心流状态的几种方式

第一，努力尝试更多的事情，找到自己感兴趣的领域。兴趣是最好的老师，当你为自己喜欢的事情去奋斗的时候，当你发自内心开始努力的时候，你才更容易进入心流状态。毕竟只有当你真正去做了，你才会知道自己对它的感受，才会明白自己到底适合什么、擅长什么、喜欢什么，而不是一开始就以"不适合"为自己的懒惰找借口。

我的一个大学同学，当年高考填志愿的时候，在父母的要求下，填报了当时的热门专业——软件工程。上了大学，他发现自己对这一专业实在是提不起兴趣，别人能轻轻松松地完成任务，他却要付出几倍的努力，于是便在专业之外选修了他喜爱的文学，他觉得文学学起来比较轻松，偶尔写写随笔和感悟，想着用这点爱好来消遣时光。但没想到，在看书的过程中，他对古诗词逐渐产生了浓厚的兴趣，在读到这类诗词时，常常沉浸其中，享受着这份独特的韵味。后来，他开始跨专业考研，在古诗词领域发力。再后来，他如愿以偿地进入一所大学中文系任教，并成为这个领域的青年骨干。这些是他以前做梦也不会想到的。在我看来，很多所谓"擅长的领域"，不过是多次尝试之后，在自己感兴趣的方向，选择做一个长期主义者罢了。

第二，对挑战和能力及时进行评估调整。当你发现一件事情特难的时候，你需要去学习。当你发现一件事情缺乏挑战的时候，你应该适当地增加难度，让你的能力和事情的难度处于较高匹配的水平。但生活中往往会遇到一种特殊情况，就是我们没有办法决定做什么工作，这时候就需要你进行巧妙的调整了。最简单的办法，就是把一个大任务拆成一个个小任务，并且让每一个任务难度跟自己的能力匹配。

挑战和能力最好的关系就是挑战总比能力高一点，踮踮脚，跳一跳能够得到。这种情况下，你会经常处于兴奋状态，更容易进入心流。

第三，即时反馈。前面的章节中我们提到过即时反馈的重要性。即时反馈是一种信号，这种信号既可以来自"内在自我"，也可以来自"外部评价"。米哈里认为，为了进入心流状态，你需要通过即时反馈让自己对情况有所了解。有了及时的反馈，你才能知道自己到底是在朝着目标努力，还是在相反的方向上。如果没有正确的即时反馈，就很容易一直在重复错误的动作，离正确的道路越来越远。即时反馈的核心价值就在于，它能够让我们的内心更加有确定感，更加认同自我。在这种状态下，我们才容易进入专注的精神世界中。

第四，排除外界的干扰。安静的环境更有助于我们把注意力放到手头的事务上。你可以选择一个静谧而整洁的空间，将手机静音，为自己设定一个明确的工作时间，在这段时间内，尽量避免被外部干扰。同时你可以放一些舒缓的轻音乐，帮助自己更好地进入状态。

三、 如何判断自己进入了心流状态

（1）注意力高度集中，并完全沉浸其中。当我们进入心流状态之后，我们会高度专注于自己正在执行的任务上。这个过程就像你玩游戏时全神贯注在自己的角色中，精神高度专注，注意力完全集中。

（2）思维清晰、逻辑严谨，对一切了然于胸。当你在做这件事情的时候，你对自己充满信心，有着清晰的思维、逻辑和方法，知道下一步要怎么做，明白先做什么、后做什么，仿佛你就是这个世界的主宰，所有事情会按照你脑海中的计划执行。

（3）内心充满热情、快乐且平静。你知道自己能够完成这件事情，所以你的内心很平静，不急不躁，一切按照计划在进行。而且，整个过程中你充满了高昂的斗志，一直在享受这种征服的感觉。

（4）专心于事情上，以至于忽略了时间、空间以及周围的存在。感觉自己就像忘了一切，完全融入当下，自己的意识和行动宛如一个整体。自己正在想什么，自己的行动就在做什么。周围的一切，仿佛都不存在一般。

此时的你，过滤了嘈杂的声音，忘记了身处的环境，全身心地投入当下的事情。恰如苏轼所言："不识庐山真面目，只缘身在此山中。"

第四节　意志力究竟存不存在

你是不是特别羡慕那些意志力强大的人？这些人通常是各个领域的佼佼者，他们有着清晰明确的目标，可以很自觉地支配自己的行动，无论做什么事情都能克服重重困难。有些事情在我们普通人看来是遥不可及的，但他们却可以做到。究竟什么是意志力？意志力是不是天生的？我们怎样才能增强自己的意志力？

一、意志力不是主观态度

意志力不是主观态度，而是受我们大脑和身体控制的东西。大脑里有一块区域叫前额叶，它是来给我们一切冲动的念头刹车的。如果它受到了损坏，意志力就会土崩瓦解。比如心理学中令人惊奇的案例人物菲尼亚斯·盖奇，他是一名美国铁路工人，在一次工作中发生了意外事故，导致他的前额叶受到了严重的损伤。事故后，他的性格发生了巨大的改变，变得情绪不稳定，自控力和社交技能下降，同时也失去了工作能力。

允 许 自 己 做 自 己

前额叶可以称得上是大脑里最重要的部位之一，它也被称为大脑的"司令部"，负责管理各个脑区。各个脑区分别接受来自身体外部的信号，然后传递给前额叶，最终由前额叶做出决定。所以，意志力并不是我们通常理解的态度或者品质，它只不过是前额叶的工作产物。

前额叶可以细分成三部分：靠左边的部分负责让我们动起来；靠右边的部分帮助我们克制冲动；中间偏下的部分负责我们的长期目标。灵长类动物在漫长的进化过程中，脑容量增加了整整一倍，其中主要增加的部分就是前额叶。

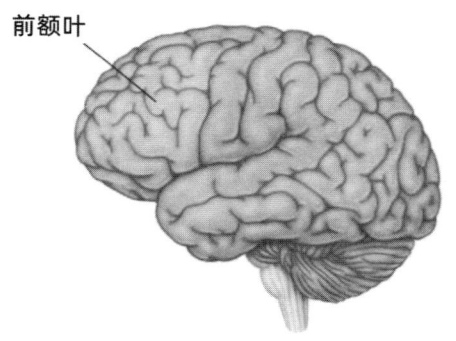

前额叶

除了大脑，意志力也和身体有关，特别是与心跳有关。科学家用"心率变异度"来测量意志力的强弱。简单地说，不管你的意志力高还是低，当刺激来了，心跳都会加速。只不过意志力高的人，心率能够迅速恢复，保持在一个较正常的水平；而意志力差的人，遇到刺激以后，心率会一直保持在较高的水平。因此，自控力高的人心率变异度高。这个值越高，说明心脏调节弹性越大，可以随时根据需要调整状态。曾经就有一项研究发现，通过特定的训练，可以提高一个人的心率变异度，进而增强其自我控制能力。这项研究发表在《心理生理学》杂志上，研究人员通过让受试者进行呼吸练习来提高心率变异度，结果发现，训练之后的这些受试者在完成需要自我控制的任务时有了更好的表现。另外还有一项针对职业运动员的研究表明，心率变异度可以预测他们的表现。研究人员对 45 名职业足球运动员进行了测试，发现心率变异度高的运动员比心率变异度低的运动员在比赛中表现更好，如更能够保持专注、更有效地管理情绪、更好地做出决策等。

二、削弱意志力的因素

1. 身体情况

当你工作了一整天，筋疲力尽，连话都不想多说一句的时候，你的意志力通常会比较弱。此时，你会轻易放弃去健身房的计划，也会抑制不住地刷手机、喝奶茶。大名鼎鼎的自我损耗理论（后来这个理论受到了一些学者的质疑）称：意志力是有限资源，用一点就会少一点。人们的意志力总是会随着时间的推移越来越弱。这个发现可以用来解释很多失控的生活现象，比如一个人在疲劳的时候更容易出现情绪问题。

允许自己做自己

2. 道德许可

可能有人会发现，同样两个大脑前额叶健康、身体情况也相差无几的人，他们的意志力可能相差甚远。这时你可能会忽略掉的一种情况是：假如你考上了公务员或者升职加薪了，为了庆祝这一激动人心的时刻，你可能会允许自己有一定的放松。这就是"道德许可"对意志力的削弱作用。

3. 恐惧管理

心理学上有个著名的恐惧管理理论，它指的是人们在面对死亡或其他威胁时，会通过某些心理和行为机制来减轻恐惧和不安的情绪。为了应对一系列的负面情绪，人们会采取各种方式比如放松自己来保护自己的自尊心，从而增强对生命的意义的感知。

4. 破罐破摔

有些学者发现，成瘾行为会对大脑的奖励系统产生显著的影响，使人对奖励的渴望增加，从而降低了意志力和自我控制能力。成瘾行为会导致大脑中的多巴胺系统被激活，有研究表明，多巴胺的阈值会随着成瘾行为的持续而不断升高。你可以把它理解成破罐破摔——越是放纵，就越不在乎多放纵一点。

5. 随波逐流

人们非常喜欢"随大流"，当看到别人在做什么时，自己也会参与其中。如果周围的人都在放纵，那你的意志力也会降低。这个现象也可以用神经科学里的镜像神经元理论来解释，它指的是动物大脑中一类特殊的神经元，它们在观察他人行为时被激活，并且能够模拟他人的行为和情感。镜像神经元主要存在于前额叶和顶叶区域，这些区域与执行动作和处理情感相关。当我们观察到他人行为时，大脑会自动激活与该行为相关的镜像神经元，从而模拟他人的行为和感受。这种模拟过程可以帮助我们理解和预测他人的行为和意图，并且促进我们与他人建立情感和认知共鸣。

三、如何提高意志力

因为有很多因素会削弱意志力，所以有很多人会发出"意志力也太脆弱了吧"的感慨。但是别着急，在我们充分地了解意志力和其影响因素之后，提高意志力会变得简单起来。

1. 强身健体

在前面，我们知道了意志力与大脑前额叶和心率有关，我们也明白疲劳是意志力杀手，所以一切有利于恢复健康的活动都能提高意志力。比如，睡眠可以让前额叶得到充分的休息，冥想练习可以改善大脑前额叶区域的结构和功能，从而提高意志力，运动则是通过提高心率变异度来增强意志力的。有研究表明，以下运动可以有效提升心率变异度：

·有氧运动：比如慢跑、游泳、骑自行车等，能够提高心肺功能和心血管健康。长期进行有氧运动可以提高心率变异度，有助于降低压力水平和提高意志力。

·呼吸练习：深呼吸和节奏性呼吸练习（如慢慢吸气、慢慢呼气）可以帮助平衡自主神经系统，提高心率变异度。此外，呼吸练习还可以帮助我们在面对压力时保持冷静和专注。

·瑜伽：瑜伽结合了呼吸、冥想和体位练习，有助于提高心率变异度。

·高强度间歇训练（HIIT）：高强度间歇训练包括短时间的高强度运动和较长时间的低强度运动交替进行。高强度间歇训练可以提高心肺功能、心血管健康以及心率变异度，从而有助于增强意志力。

2.分内心态

当我们把很多事当成分外事，在心里预设了"这不是我应该做的事"的心态后，往往会在做完这件事后觉得自己受了委屈，这时，我们的意志力就会变得薄弱。但如果我们换一种思路，把很多事当成自己分内的事，把做这些事当成自己的责任，也许就不会轻易动摇做事的信念了。

3. 保持积极

大脑为了应对一系列的负面情绪，会采取各种方式来保护我们，让我们感觉好受一点。所以，想要提高意志力，我们在平时要尽可能多地用积极的心态对待事情，避免出现负面情绪。

4. 原谅自己

如果我们没有控制住自己，做出了"失控的行为"，为了避免破罐破摔，我们应该怎么办呢？最好的方法就是原谅自己。一些研究表明，将注意力集中在过去的错误或失误上会导致更多的负面情绪和更多的错误行为。而原谅自己可以帮助个体减少负面情绪，提高积极情绪，从而增强自我控制和减少再次失控的可能性。

5. 物以类聚

既然镜像神经元会让我们复制周围人群的行动和心态，那为了提高意志力，我们就要有意识地去找一些有健康生活习惯的朋友，尽量去融入那些积极的圈子。榜样的力量是无穷的，你天天跟这样的人在一起，也会让你的心态变得健康，意志力自然也会获得提高。

第五节　戒不掉的瘾

生活中，有很多人被各种各样的"瘾"深深地困扰着，比如烟瘾、酒瘾、手机瘾、游戏瘾等。行为学家把"瘾"定义为：做了一件事，你感觉不错，于是情不自禁地不断去做，从长期看，你明明知道这样做可能对自己不利，但是很难中断。通俗地说，只要满足"令人愉快""带来伤害""无法控制"和"反复出现"这四个特点的行为模式，我们就可以称之为"瘾"。

很久以前人们对"瘾"的认知非常有限，即使是现在，也有很多人认为"瘾"是意志力匮乏，道德缺陷的表现。随着对药物和其他成瘾行为的研究逐渐深入，科学家们逐渐认识到，成瘾是一种基于大脑化学变化的生物学现象，与道德和意志力无关。20 世纪 60 年代，神经科学家发现，药物成瘾与大脑内的一种叫作多巴胺的神经递质密切相关。这种神经递质是大脑中与奖励和愉悦相关的化学物质，药物和其他成瘾物质会影响多巴胺的释放和再摄取，从而导致强烈的奖励和渴求反应。

此后，随着更多的研究进展，科学家们开始认识到，成瘾，不仅仅是药物成瘾这么简单，还包括其他类型的成瘾行为，比如赌博成瘾、网络成瘾、游戏成瘾、偷窃成瘾等。这些成瘾行为都会在大脑中激活奖励中心，导致类似于药物成瘾的生物化学反应。现代化的大脑成像技术更是提升了我们对于成瘾会影响大脑的认知。研究发现成瘾可以改变大脑结构和功能，并且这种变化可能导致成瘾者对成瘾物质或行为的控制力下降，所以，"瘾"与道德、意志力的关系也就彻底撇清了。事实上，你会发现很多意志力强大的道德标兵照样戒不了烟和酒，这是因为成瘾物质往往会损害大脑中的前额叶皮质和杏仁核这两个部分。前额叶皮质是掌管控制、判断和计划的区域，而杏仁核则负责产生、识别和调节情绪。大脑中这两个部位被破坏了，意志力当然帮不了我们。

人究竟为什么会上瘾？从机理上说，是因为大脑的"奖赏机制"。奖励机制可以强化一系列有利于我们生存的行为，比如在饥饿的时候吃东西、口渴的时候喝水、劳累的时候休息等。多巴胺让我们记住这些有利于我们生命健康和安全的行为，方便我们可以不断重复。

一、快乐因子与欲望因子

多巴胺这三个字你可能不太陌生，很多人都认为它是快乐因子。人们通常认为它是一种存在于人体内，让人快乐的化学物质，但其实这是很多人一直以来的误区。

多巴胺在 1957 年被瑞典科学家阿尔维德·卡尔森和他的同事发现的时候，确实被公认为是能让人快乐的物质。就好比你吃个蛋糕，体内多巴胺含量增多，你很快乐。一停下来，多巴胺含量下降，你的快乐也随之消失了。看起来多巴胺和快乐确实有很直接的关系，但是随着研究深入，科学家们才意识到事情没有那么简单。

允许自己做自己

在 20 世纪 70 年代进行的多巴胺耐受性实验里，科学家们在固定时间给笼子里的老鼠投放食物，在最初的几次训练中，老鼠会表现出很高的活跃性和兴奋度，同时体内的多巴胺水平也会迅速上升，很兴奋地吃完了食物；但是随着训练的进行，老鼠体内的多巴胺水平逐渐下降，同时它们对食物奖励的反应也逐渐减弱，表现出了多巴胺适应现象。实验结果让很多人都惊呆了，这也打破了多少年来大家认为的多巴胺是快乐因子的论断。因为按原来的推论，食物没变，老鼠吃东西的时候应该是一直很快乐的，但为什么多巴胺的分泌却减少了呢？

科学家后来给了多巴胺一个崭新的定义，叫作欲望因子。简单地说，大脑会把外面的世界很自然地分成两部分。我们能够得到、摸得着、看得到的，叫近体空间；而我们无法触及的，需要努力才能够得到的，叫远体空间。从进化论的角度来看，近体、远体这两个空间对我们的意义是完全不同的，它们也是受两套化学物质控制的。近体空间更多受血清素、内啡肽这些东西控制；而远体空间则由多巴胺控制。这就是管它叫欲望因子的原因。

多巴胺带给我们的欲望在大多数情况下是可控的。比如饥饿的时候吃东西会促进多巴胺的分泌，一旦吃饱了，我们对食物的欲望就会下降，多巴胺的分泌也就停止了。但有时候这种"欲望回路"也有失灵的时候，比如酒精、药物等会破坏这种自然的欲望回路，使其无法正常关闭。而且它对于大脑的刺激会远远高于食物带来的自然奖励。这就会带来一个很可怕的结果——你的多巴胺阈值大幅度提高了。也就是说，你很难再被轻易满足，你需要不断地寻求更刺激的东西来满足自己，直到身体无法承受为止。

通过对多巴胺的理解，我们也不难发现一些戒瘾的方法。比如，小时候的我疯狂地迷恋一款即时战略游戏，每天都要玩好几个小时，家长根本管不住我。就在他们一筹莫展之际，某一天我爸塞给我一份这款游戏的游戏秘籍。也就是在那之后，我迅速失去了兴趣，因为有了游戏秘籍，一切都变得太容易了，这款游戏已经没有挑战难度了（"游戏通关"进入了近体空间）。

二、"瘾"是用一种让自己更糟的行为来拯救自己

在《我们为什么上瘾》一书中，迈雅·萨拉维茨指出有至少2/3的成瘾者在童年期都经历过至少一次严重的精神创伤。对某种东西上瘾，其实只是他们学会应对创伤的方式之一。可以说，"瘾"是一种错误的自我疗愈。我们往往为了摆脱某种糟糕的情绪，用抽烟、喝酒、打游戏这种麻痹神经的方式来安抚自己。渐渐地，我们用"瘾"形成了一套自我保护模式，让自己变得不那么消极，但这并没有解决深层次的心理问题。当下次碰到同样的问题时，为了让自己好受一点，我们的"瘾"还会复发。所以，要解决上瘾，关键就是要搞清楚我们到底在逃避什么。

下面分享几个戒瘾的方法：

允许自己做自己

1. 冥想技巧

我们可以应用一些冥想技巧来暂停当前的失控行为。这招对于游戏成瘾患者和手机成瘾患者格外管用。比如，当你刷短视频停不下来的时候，尝试闭上眼睛，用腹式呼吸的方式，让呼吸深入到肺部和腹部，将注意力集中在呼吸上。当你吸气时，感觉空气进入鼻子、肺部和腹部膨胀；当你呼气时，感觉肺部和腹部收缩，空气从鼻子流出。然后倒数5个数，在心里默念"5、4、3、2、1"，每念一个数字就深呼吸一次。当你数完最后一个数字时，缓缓地睁开眼睛。这个方法可帮你有效地隔断原来的场景，从而迅速进入新状态。

2. 互助小组和里程碑意识

不知道你有没有听过戒瘾互助小组？它是国外特别推崇的一种群体戒瘾方法，由一个已经戒瘾成功的人带领一群想戒瘾的朋友，每周开展一两次类似于聚会的活动。这个人把大家组织到一起，讲各自的故事，然后分享经验，进行互相监督。也许你身边没有这种小组，不要紧，你可以找个真正关心你的朋友，然后让他监督你，听你倾诉。在交流的过程中，你的负面情绪会得到充分的释放。另外，每获得一个阶段性的成绩，请你一定即时奖励自己，比如吃顿大餐、买个礼物、一次出行，等等。慢慢地，这种累积的成就感就会帮你摆脱瘾的困扰。

3. 小步快跑

很多人都有一个误区，他们觉得戒瘾就一定要戒断。比如一个人以前每天要一包烟，在戒瘾时要求自己做到一根烟不抽，一旦做不到，就自我折磨，埋怨自己的意志力差。你要明白，戒瘾是一个循序渐进的过程，每一次的进步都是值得鼓励的。不管你之前每天抽几包烟，哪怕今天你少抽了一根，那都是进步。虽然这不是完全戒断，但也是你在戒瘾道路上的一次进步。

当然，戒瘾的过程可能会有反复，但不要因此否定自己、否定自己过往的成就，更不要让别人否定我们的价值。心态放轻松，然后试一试这些方法，为了自己，也为了身边的人，勇敢一点，变成一个更好的人，相信你一定可以做到。

第五章

战胜拖延症，从自我改变开始

　　拖延源自你的心理，源自你对当前要做的事情的看法。这件事对你来说要么太简单，要么太困难。太简单的事情，让你觉得没有挑战也没有乐趣，你就懒得做；而太难太烦琐的事情，又让你感到无从下手，没有头绪，从而害怕开始。战胜拖延症，从自我改变开始，每天做一件微小的事，将其形成习惯，坚持下去，慢慢你就能做成一件大事。

第一节　如何才能做到知行合一

估计很多人都有这样的困扰：为什么每年制订了这么多计划，结果到头来却都没有执行下去？为什么书柜里摆满了书，却一本都看不完？知易行难是很多人都在面对的问题。几乎每一个烟酒爱好者都知道这些不良嗜好的坏处，但是真正戒掉的人却是寥寥无几。这节内容帮你彻底搞明白"知道"和"做到"之间的差距，以及怎么弥补这中间的差距。

一、行为三要素

我们往往会把无法做到知行合一归咎于自己不够自律、行动力差、毅力匮乏等，但在斯坦福大学行为设计实验室创始人福格博士看来，这一切都跟你的能力和品质没什么关系，而是你的行为设计出了问题。人类的一切行为都可以被拆分成动机、能力和提示三个要素，用公式表示就是 B=MAP ，行为（Behavior）= 动机（Motivation）× 能力（Ability）× 提示（Prompt）。这就是大名鼎鼎的福格行为模型。

如果一件事做不成，一定是三个要素出了问题。

动机是想做一件事的欲望，是一切行为发生的前提，但它只能让人短时间内行动起来，要想做成一件事，你还需要长期坚持，将其形成习惯。

能力是所有行为的必要条件。时间、金钱、体力、脑力和日程这五个因素共同组成了能力链条。你能不能做成一件事儿，是由这五个因素里面最弱的那个因素决定的。

提示就是在告诉你，"现在就去行动"。即使你再有欲望和能力，你也可能因为缺少提示而忘掉它。提示大概可以被分为三种类型：人物提示、情境提示和行为提示。人物提示是通过自己或他人实现的提示；情境提示是通过环境因素来构建的提示，比如闹钟的声音；行为提示则是通过生活中的日常行为构成的天然提示，也可以称为锚点提示，比如起床、穿衣服、洗漱、吃饭、开门、穿鞋，这些具体动作都是行为提示。对于行为设计来说，人物提示很难作为有效提示，容易遗忘，非常不稳定；而情境提示和行为提示就比较容易作为我们新行为的提示。用旧行为关联新行为，用行为提示行为，是非常有效的做法。

二、是什么摧毁了你的行动力

1. 动力不足

你虽然嘴上说着你要做，心里也觉得你应该做，但是其实你并不想做，你没有完全说服自己。干一件事儿的动力通常分为两大类，外源性动机和内源性动机。外源性动机就比如：别人都这么做，那些成功的人都在做，家长要求你这么做。这些由外界大环境要求甚至逼迫自己做的都是外部原因，是外源性动机。而内源性动机是你发自内心的想法，比如想减肥是因为自己真的想变得健康漂亮一点。内源性动机才是真正能促使你行动，并且保证你长时间做一件事的决定因素。

2. 信念问题

有很多朋友喜欢质疑一切，不信老师，不信方法。我的中学班主任老师，如今是特级教师，带出来的优秀学生不计其数。然而，她却跟我抱怨，有很多学生质疑她的教学方法，喜欢去学一些网上的冷门方法，因此吃了大亏。甚至有的人连自己都不信，害怕失败，自我设限，认定自己一定没有机会。所有这些都是阻碍你行动的毒瘤，它们会让你拒绝一切机会，排斥一切方法。

3. 反馈问题

要么是反馈不够清晰，要么就是反馈太久远。人是短视的动物，需要非常具体形象的目标才能激起内在的动力。另外，我们需要即时奖励，正是一次次看似稀松平常的快速反馈，在不断地告诉你的大脑，当前这个行为值得重复去做。

三、行为设计

当我们理解了究竟是什么影响了行为之后，大概也就明白了好方法对于知行合一的重要性。这里有六个步骤帮你养成好习惯。

1. 明确愿望

很多人的愿望很多，但是都不够具体。比如有人想赚钱，有人想变美，有人想提高情商，但是这些动机都太抽象了，你要做的是把愿望具体化，转化成可执行的结果。比如希望今年工资涨 20%，希望减掉 20 斤，希望可以通过注册会计师考试等，这些都是非常具体的可执行的愿望。

2. 列举选项

在已知的明确愿望确定之后，我们要找到跟这个愿望相关联的尽可能多的可行操作。这里请你暂时不要考虑可行性，尽情发挥你的想象力。当你无法再想出更多选项的时候，请对你找到的每条选项进行细化，要具体到不能再具体为止。

3. 找到黄金行为

在上一步找到的可选项列表里，我们进行筛选，看看哪些行为是你想做到、做得到，并且确定可以帮你实现愿望的行为。比如你想改善睡眠质量，那对应的行为包括晚上 9 点以后不看手机、安装遮光窗帘、提前晚饭时间、睡前冥想等。在这一堆行为里，找到那个你认为最有效而且即使在状态最不好的时候也能做到的行为（高影响力、低难度），这个就是黄金行为。

4. 化繁为简

这是非常重要的一步。根据我们前面说过的"能力五要素"，在时间、金钱、体力、脑力、日程中找到你最薄弱的一环，然后优化它。怎么优化？最简单高效的方法就是化繁为简，从小做起。让一件事儿简单到不能再简单为止。大道至简，小微易行。只有简单的东西才让人有一直做下去的欲望。

5. 设计提示

我们之前讲过"提示"的重要性。光有强烈的动机和简单的行为是不够的，我们还需要有一个频繁提醒我们去行动的提示。它的作用有点儿像"心锚"，当我们看到提示时，就会很自然地形成一种"不过大脑就行动"的条件反射。你可以回想一下有哪些行为是你生活中每天一定会发生的事儿吗？比如：刷牙洗脸、开灯关灯、吃饭睡觉、穿衣服上厕所，对不对？所有这些日常动作，就是最天然的提示。人的一天之中这样的锚点时刻有很多，如果你实在想不出什么特别好的提示，那不妨就把你想做的那些事儿放在刚才这些日常动作之后。比如你想多背一些英语单词，可以把单词书放在吃饭的位置，提示自己吃完饭后要背单词。如果一套行为最终能形成习惯，形成条件反射，那你就成功了。

6. 即时奖励

行为设计的本质就是情绪设计。如果你今天干一件事儿很开心，那你以后就还想干，时间一长就形成了习惯，甚至是瘾。即时奖励之前提过很多次，这里不再赘述，但你要注意，奖励不分大小，但是时效性很重要。

总而言之，每一个行为的发生，每一个习惯的养成，都不是一朝一夕就能完成的。它需要我们像养一株植物一样日复一日地，用科学的方法、耐心、恒心去精心呵护它。对于某些可能比较困难的行为，比如学习、健身、规律作息等，可能我们需要在开始时消耗一点点意志力，去埋下一颗种子。但是随着时间的推移，看着它一点点地枝繁叶茂，开花结果，你会逐渐发现，你已经可以毫不费力，自然而然地投入其中了。

第二节　拖延症患者的福音

你是不是也在饱受拖延症的困扰？做事的时候注意力经常不集

中，对于眼前要做的任务缺乏执行动力，能拖就拖，拖到最后只能"交白卷"？你痛恨自己拖延的毛病，但却怎么都改不掉。如果你有这类问题，这一节的内容应该可以帮到你。

拖延症通常是指自我调节失败，在明知拖延会带来不良结果的前提下，仍然把任务往后推迟的一种行为。拖延是一种普遍存在的现象，曾经有一项调查显示，大约有 75% 的大学生认为自己存在拖延现象，50% 的人认为自己经常拖延。在我看来，拖延行为本身的危害并不大，最大的问题在于由此产生的心理负担。严重的拖延症会对个体的身心健康带来消极影响，比如自责、负罪感、内耗、不断自我否定等，并可能伴随有焦虑症、抑郁症等一系列心理问题。

一、你为什么会拖延？

1. 完美主义

有完美主义倾向的拖延被称为积极拖延症。有完美主义倾向的人在做事时要求自己一定要做到尽善尽美，比如求职应聘，他们害怕浪费机会，所以要求自己必须等一切都准备好了再去投简历；再比如，有人想创业，他要求自己必须等做完翔实的市场调查、竞品分析、客户画像之后才能启动。这类拖延症患者跟那些喜欢把事情拖到最后一刻都不想开始的懒人不同，他们的内心是无比积极的，他们恨不得从任务出现的第一时间就开始行动。但是他们好像一直都在准备，一直都在思考，从始至终看上去都特别积极，结果却是原地踏步。这类人一直都在强烈地内耗。

准备有时候是一个黑洞，不管你付出多少时间和精力，都不会有彻底准备好的时候。而在一次一次准备的过程中，你放弃了大把机会，还有那些本可以在不断试错的过程中增长的经验。然后在这个过程中，眼看着周围朋友一个个早早提交了答卷，眼看那些本可以抓住的机会稍纵即逝，你会非常痛苦。心理学家吉洛维奇和梅德韦克曾经提出过一个很经典的后悔的时间模型。他们在 1995 年对 1000 个人进行了一次电话调查，让参与者回忆自己人生中最后悔的事情。结果，其中 75% 的人在一生中最后悔的都是"没能做成某事"。调查的结论是：从长期来看，一个人没做一件事的遗憾程度远远超过他做错这件事的遗憾程度。

2. 自信缺乏

有些朋友的自尊水平比较低，他们总感觉自己不如别人，或者只是对正在从事的某个任务感到没有信心，觉得自己不管怎么努力都会搞砸。他们的内心无比地焦虑和矛盾，一方面手头的工作不得不做，另一方面他们又莫名其妙地认定自己一定没有做好这件事的能力。这个时候，拖延刚好替他们解了燃眉之急。拖延可以方便他们把任务的失败推卸给时间不够、任务太重或者自己太懒，而不是能力不足。

3. 抵触情绪

很多时候我们会因为不喜欢某件事而产生逃避心态。就比如上学的时候可能会因为不喜欢某个老师而抵触他布置的作业；会因为某项工作太困难、太复杂、太无聊而消极怠工；会因为某个任务（减肥、健身、看书）太痛苦而选择逃避。短暂的逃避确实能暂时缓解你不喜欢做却又不得不做的痛苦，但从长期来看，随着任务截止时间的日益临近，你会越来越焦虑。

4. 易受干扰

有些人非常容易受到外界的干扰，前一秒刚刚翻开书，后一秒已经开始拿起手机翻看最近的朋友圈和短视频了。估计很多人都有类似的经历，往往一个朋友的求助电话，一条快速闪过的消息提醒就能迅速把你从当下的进程中拖拽出来。所以，有时候你看似很勤奋，每天都花很长时间投入到工作中，但是实际产出却很少。你看似做了很多事，但是没有几件是真正重要的。

二、告别拖延

知道了这么多拖延症形成的原因，那具体应该怎么解决呢?

1. 微习惯

每天做一件微小的事，让其形成习惯，坚持下去，慢慢你就能做成一件大事。只要任务足够小，你就可以一直进行下去。当然，微习惯这种模式也有自己的局限，它比较适用于"习惯的养成"，针对那些比较容易拆分的任务或者紧迫性不强的工作是比较有效的。但是，当某些任务比较紧迫或者不容易做细分的时候，微习惯就不太适合了。这时，你可以采用普瑞玛法则，它更倾向解决比较紧迫的问题。它的做法是，每天优先去做那些最困难的或者你最不想做的任务。一旦这个任务被解决掉，你的信心就会瞬间提升，你会觉得接下来的所有工作都可以迎刃而解。

2. 番茄工作法

它是由弗朗西斯科·西里洛创立的一种时间管理方法。具体怎么做呢？每次工作的时候，设一个 25 分钟的闹铃，然后开始工作，等到闹钟一响立刻结束，休息 5 分钟。工作时长和休息时长可以由你自由调配，以你的注意力耐久度为标准，比如你可以工作 10 分钟，休息 10 分钟或者工作半小时，休息半小时等。每四个短暂的休息之后要做一次长时间的休息，建议在 30 分钟左右。拖延症很大程度上是因为你长时间做事，大脑得不到有效的休息，而你又高估了自己的专注能力，以为自己可以一直沉浸在工作里。你在工作过程中每拿起一次手机，每发一次呆，可能都是大脑给你释放的休息信号，只不过都被你忽略了。在番茄钟时间内，你的注意力高度集中，你的效率一定会大幅提升，这样你在休息的时候也就不会有负罪感。

3. 大胆试错

原来我们总说"磨刀不误砍柴工"，但是在当下这个时代，社会节奏太快，以至于我们没有那么多时间去做万全的准备。现在，我们更需要的是大胆试错，快速迭代。就拿互联网行业来说，用户的需求、市场的风向时时刻刻都在变，你准备的时间永远赶不上变化的时间。这个时候，你不妨大胆一些，在事情准备到 60% 时就开工，这个方法尤其适合那些积极拖延症人群。不要有完美主义倾向，无论做什么事，先做起来是最重要的。在行动的过程中再去不断地完善自己的计划，不断地调整目标。这才是适合大多数人解决拖延症的办法。

4. 远离干扰

很多时候，我们无法集中注意力去做事是因为周围有太多干扰。手机弹出来的信息，同事的突然打断，嘈杂的工作环境等都会让我们的注意力变得不够集中。所以工作的时候，请你一定要找到那个安静且没有打扰的环境，让自己集中精神，避免被打扰。这时，不要高估自己的专注力，也不要低估环境对我们的影响。

5. 效率小组

跟那些要做类似或者相同工作的人一起约好时间，组队学习或工作。这是我亲测有效的解决拖延症的好方法。有时候你一个人往往会没有动力，频繁犯懒，但是，如果你约好时间和地点，跟有相似任务的朋友、同事一起做，就很少会拖延而且效率超高。

6. 设置提示音

我们需要在脑子里设置"提示音"，这个提示音可以是一个词、一串数字，也可以是一个声音。下次当我们发觉自己有拖延迹象的时候，不要犹豫，立刻在脑子里喊出那个"提示音"。它的原理就跟短跑运动员听到发令枪响一样，它给了你一个心理暗示，刺激你行动起来。

从本质上来说，拖延源自你的心理，你对当前要做的事情的看法，这件事对你来说要么太简单，要么太困难。太简单的事情，让你觉得没有挑战也没有乐趣，你就懒得做；而太难太烦琐的事情，又让你感到无从下手，没有头绪，从而害怕开始。所以，要想克服拖延，针对那些我们觉得太简单、太无聊的任务，我们可以适时地增加难度，让自己像打游戏一样在不断挑战中获得乐趣，并且像打游戏一样获得即时奖励。而面对复杂的事情，我们需要化繁为简，并且尽量搜集一切让我们对当前任务熟悉的线索，当你对要做的事情变得熟悉时，你也就不再恐慌了。

其实，我们每个人都或多或少地患有一定程度的拖延症。患有拖延症不可怕，关键问题是，你一定要对你真正在乎、关心的事情在心里做一个排序，选取几件真正重要的事去改变自己的拖延习惯就好了。而对于那些生活中不太重要的事儿，其实拖一拖也没有什么大不了的。没必要焦虑，更不要有负罪感，在拖延这件事儿上，你并不孤单。生活已经让我们很苦了，偶尔也该让自己慢下来，享受一会儿生活中的甜，这是你应得的。

第三节　时间管理的秘密

逝者如斯，不舍昼夜。时间是世界上最稀缺的资源，时间管理也一直是个世界级难题。当今市面上活跃着无数个时间管理方法，其中效率管理、精力管理、优先级管理是目前比较流行且有效的时间管理方法。除此之外，未来管理是一种结合了各种时间管理方法优点的新方法。在本节中，我将一一为大家梳理。

一、效率管理

效率管理是工业化大环境下的产物，它的目标是让人在更少的时间内完成更多的工作。效率管理有一个基本公式：效率 = 目标 × 能力 × 速度。

首先，做一件事之前，你要明确自己的目标。如果从一开始方向就是错的，那最后只会与目标背道而驰。为了确保大方向的正确，我们需要在任务开始前多问自己几个问题。比如，你想解决什么问题？你的方案是不是真的可行？你需要多少时间来完成，你的计划是什么？中途可能出现哪些障碍？如果出现了应该怎么办？这些问题的解答可以帮助你进一步梳理自己的目标和计划，然后在任务进行的过程中，我们要时时刻刻依据这些变化对之前的目标进行调整。

说完目标，咱们再说能力。想要精进能力，最好的方式就是刻意练习。简单来说，刻意练习包含以下几步：

（1）带着目的练习。知道自己对在哪儿，错在哪儿，怎么改进，力争每次都有小进步。就拿练习投篮这件事儿来说，你的目的不应该是每天投多少个球，而是应该关注投进了多少个。你每次进了，也要想明白你哪儿做得好，要保持手型，稳定投篮姿势，以形成肌肉记忆；如果没进，你要明白自己哪儿做错了，下回争取别犯同样的错误。

（2）100%专注。你要全身心地投入，争取进入心流状态。

（3）最好有一个即时反馈机制。你可以找一个导师、教练或者帮手，对你所做的事情进行即时反馈。

（4）形成圈子（只适用于初期）。最好你能找到跟自己有相同目标的人，形成一个小团体。彼此监督进步，分享材料信息，互相提出改进意见。

（5）跳出舒适区。在适度的范围内逼自己一下。

最后咱们说速度。在目标正确、能力满足的前提下，我们才能通过提升速度来提高效率。目前市面上可以帮助我们提高办事效率的工具和方法很多，之前我们提过的番茄工作法就是其中之一。其他的还有 ToDo List（清单）、流程图、看板等，这些都是不错的效率提高工具。

效率管理的本质是提速，虽然它的提出时间比较早。在时间管理方面，现在也涌现出了很多更先进的理念和方法，但是提高效率确实是解决很多问题最直接的方法。当然效率管理也有它的缺陷——它并没有创造更多的时间，而只是在有限的时间里跟自己"较劲"——分秒必争，一小时恨不得掰成 10 份用。而随着任务越来越多，通过单纯的提高效率能达到的效果也就越来越弱了。这个时候，精力管理就应运而生了。

二、时间管理 2.0 —— 精力管理

精力管理的本质在于提高身体效能，通过管理自己的精力，在正确的时间处理正确的事儿，从而提高自己的效率，对时间进行有效的利用。

假设你是一个作家，我们知道，对于作家来说，创意和灵感一般都在夜晚闪现，而如果我要求你每天早起 6 点开始写作，请问你的效率会怎样？再比如，你是一个运动员，我要求你晚上 9 点开始一天的训练，请问你的训练效果会如何？再或者，你今天心情很糟，中午没有吃饱，昨天休息很差或者已经连轴工作了 20 个小时，你的效率会怎样？

说白了，一个人的时间利用效率跟他的精力密切挂钩。如果能把身体效能调整到最佳状态，如果能在正确的时间做正确的事儿，效率自然会成倍增加。这也就是你总能看到市面上流传的那么多科学作息表、自律时间表的原因——上面会告诉你几点起床，几点适合干什么，

什么时间不适合工作等。虽然这些方法过于绝对（因为个体差异，每个人的工作节奏、生活规律不会完全一致，很难以偏概全地总结成统一的一份时间表），但是它所传达的理念并不是毫无根据的。在《每天最重要的 2 小时》这本书里，哥伦比亚大学心理学博士乔西·戴维斯提出了几个非常棒的精力管理方法。其中有两个策略在我看来很实用，也是我亲测有效的好方法：

1. 关注停顿点

做完一件事之后一定要暂停一下，想一想接下来要做什么。这似乎是个非常显而易见的道理，但是绝大多数人都会忽视。曾经的我也是一样，工作一忙，为了追求更快完成工作，我经常是一件事接着一件事地处理，不给自己留任何哪怕是离开座位站起来片刻的空闲时间。看起来我是在节约时间，但是其实只有我知道，我的效率在这个过程中飞速下滑。接下来，我往往坚持不到两个小时，就会频频出现发呆、玩手机、思考缓慢的现象。我们一般人在工作的时候很容易被惯性带着跑，一件接一件地机械劳动，而真正重要的事儿往往到最后却没有时间做。你看那些台球高手，出杆之前一定要趴下来瞄一会儿，如果觉得当前位置不好，他甚至会起身，再去别的地方找角度，打一场球，来回踱步的时间占了 90%。而我们普通人一般都是趴下来直接打，一杆一杆之间没有区别，只是不过脑地重复动作。不休息、不思考、纯靠无意识的惯性来完成工作，你的效率怎么可能高？要学会按下暂停键，有意识地掌控自己的思维，安排重要的事情优先做，这样你才能少走弯路，少做无用功。最关键的，只有休息得足够好，我们才能拥有良好的身体状态。

2. 管理心理能量

脑力和体力一样，也是有限资源，只不过你一般注意不到。如果你在健身房练了两个小时，你可能会汗流浃背、四肢酸软，这些你能感觉得到。但是脑力消耗就没这么明显了，当脑力不足的时候，人会变得迟钝、走神、无法进行深度的思考，这时候我们一般人只会觉得，"哦，是我分心了，我这该死的意志力"。而其实这些现象跟意志力关系不大，多半是你精力衰竭的表现。很多围棋高手甚至会为了下午或晚上的比赛，选择在早上闭目养神，不看手机，少做选择，为的就是节约脑力。正常人即使是在头天休息特别好的前提下，一天也只能高效工作 2 ~ 3 小时，用完就完了。所以这也是我们总说要尽量把需要注意力和创造力的任务放到早上，那些不费脑的重复性工作留到你精力不佳的时候做的道理所在。因为在你精力不济的时候去挑战难度大的工作，你只会不断地发呆走神，还有很多人会出现意识逃离，比如去刷手机，一刷就是几个小时，最后你精疲力竭，工作还落下了。根据个人状态来合理调配工作顺序，才能让你充分地调动自己的精力，完成更多的任务。

在我看来精力管理有点像升级版的效率管理。它的最终目标其实还是提高效率，只不过它所提倡的方式更侧重于精力层面的调动。好处是你终于不用跟时间死磕了，但是它与效率管理类似，你其实并没有创造出更多的时间。其实，当任务变多变复杂时，精力也会出现不够用的情况。

三、时间管理 3.0 —— 优先级管理

2010 年，美国著名管理学家史蒂芬·柯维在他的《要事第一》这本书里提出了一个新颖的时间管理理念——时间管理矩阵理论，也被称为时间管理四象限法则。后来这个矩阵被广为流传，迄今为止它依然是许多优先级排序工作的指导思路。这个方法想必大家也不陌生，它把所有的任务用重要和紧急两个维度加以区分。放在象限图里，就有了重要且紧急、重要不紧急、紧急不重要、不重要也不紧急这四个象限。

第一象限：重要且紧急。这部分任务通常时间紧迫且会造成巨大影响，不能回避也无法拖延，必须尽快完成。比如：家里着火、车坏在马路中间、领导安排的需要立刻完成的工作、当天就要做出的重大决定等，这些事务显然需要排入我们的第一优先级。

第二象限：重要不紧急。它通常指那些依然对我们有重大影响但是时间尚不紧迫的工作。比如健身、吃饭、学习、人际关系等。虽然算不上紧急，但是回避这类任务往往会直接导致第一象限逐渐扩大。所以提早规划、尽早解决，不要等火烧眉毛了才后悔没有及早开始，

才是我们对待这类任务的正确态度。

　　第三象限：紧急不重要。这类事务是我们生活中的"不速之客"，它们会突然穿插到我们的生活中，打乱我们原有的计划。比如临时会议、电话、别人麻烦你帮忙等。我们通常会因为这些事情在时间上的紧迫性，而误把它们归入第一象限，误以为它们很重要，实际上这些可能只是"别人心里的重要"。分清这些事，然后尽可能地拒绝、延后、利用碎片时间去解决才是我们对待这类事务的最优策略。

　　第四象限：不重要也不紧急。这个象限的事情就不用我多说了吧？玩手机、看剧、打游戏、闲聊天等一系列我们通常认定的消遣娱乐或者生活中那些琐事，都可以被归入这一象限。当然我不是说娱乐完全无用，适当的休息可以帮助我们调节身心，让我们以更好的状态投身工作。但是如果此时我们有更高优先级的事儿需要处理，那过多在第四象限停留显然就不太明智了。

　　这套矩阵理论的创新之处就在于我们终于不再用跟时间本身"较劲"了，取而代之的，我们把重心放到了任务上。我们通过对四个象限的划分，简单清晰地了解了事务的优先级，我们知道了什么事应该立刻做、什么事可以缓一缓以及什么可以不用做。当然时间管理矩阵只是把所有事情划分到了四个象限中，如果你此时有很多任务等待处理（比如你的第一象限里也需要做优先级排序），那你大可以根据这四个象限对优先级进行细分，或者依据紧张程度和重要程度进行量化打分，这也是我在做项目规划的时候经常做的事。比如：两件事 A 和 B，如果 A 的紧急程度是 8、重要程度是 7，而 B 的紧急程度是 6，重要程度是 6，那显然 A 的优先级就要高于 B。

在我看来"优先级管理"最棒的地方在于它在告诉我们有哪些事儿可以不做。通常我们会认为那些成功的时间管理者，他们是通过提高效率、节省时间来过上高质量的生活的。而事实恰恰相反，他们往往会首先构想自己理想中的生活，然后让时间自己管理自己。打个比方，不管你多忙，不管你的日程有多紧凑，假设今天回家你发现房顶在漏雨，你肯定会放下手头一切的工作去优先抢修房顶。而因为你在"修房顶"这件事上花费的几个小时，就可能导致你今天剩下的计划全部泡汤。由此可见，时间其实是高度弹性的，很多你认为紧急、重要的事儿在更高优先级的任务面前统统都得往后顺延。而优先级管理的本质就是把一切我们认为重要的事儿，都放到跟"房顶漏雨"同样重要的优先级来对待。如果你把工作当成你目前阶段的最高优先级，那就让所有事情为它让步；如果你觉得"带女儿去游乐园"是你此时的优先级，那任何工作上的事都可以抛诸脑后；如果你觉得经过了一周的工作，筋疲力尽到只想看一场电影放松一下，那就尽管娱乐，并且坚定地不要让任何人打扰你，同样也不要觉得这是浪费时间，因为这是你当下最重要的事。明白了这一点，下次决定你做不做某件事的理由就不该是"我有没有时间"，而应该是"它在不在我的优先级上"。

四、时间管理 4.0 —— 未来管理

不知道你有没有认真思考过一个问题：为什么我们如今有了这么多能帮我们节约时间，提高效率的好工具、好方法，但是我们却总是抱怨自己的时间不够用？咱们一起做一个数学计算，一周有 168 个小时。如果你的工作是正常强度，就把你中间休息、刷手机、聊天的时间也算作是工作的情况下，一周你要干 40 个小时，每天正常睡觉 8 个小时，那你还剩 72 个小时来做其他事儿，这真的是很长时间了。也许你比较辛苦，每周要做 50 个小时工作，那你还剩 62 个小时。也许你在某些互联网企业，经常需要"996"，即使这样你也还剩 40 个小时，相当于一个正常人一周的工作时间，还是很长。明明我们有这么多的时间，为什么还会感觉时间不够用？所以归根结底，我们对于时间的利用还是有点儿问题。我不否认之前三类时间管理方法的有效性（如果无效我也不会拿来讲），但是它们都没有解决一个问题：我们总是在节约时间，但是从来没有创造时间。

可能很多人都会觉得疑惑——不管我们怎么做，时间总在一分一秒地流逝啊，我们怎么可能创造时间？这里就要引入时间管理 4.0 了，我把它命名为"未来管理"。

未来管理有一个宗旨，那就是"我今天所花的时间，是为了给明天更多的时间"。这个理念跟我们创业和投资很相像——我们现在的工作是为了将来不用工作；我们所花的每一分钱，都是为了将来可以获得更多的钱。这就是未来管理的精妙之处——用时间创造时间。

下面咱们来讲讲具体做法。这里引用知名时间管理专家罗里·瓦登提到过的一个叫作聚焦漏斗（Focus Funnel）的模型，如图 5-1。

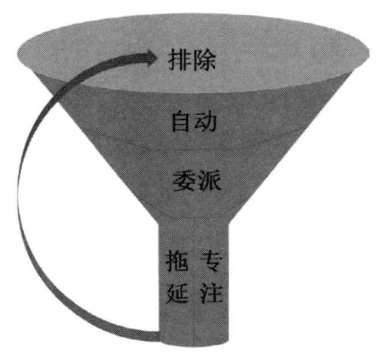

图 5-1　聚焦漏斗

具体做法就是我们生活中碰到的每件事都要过一遍这个"焦点漏斗"：

1. 排除

最上面一层叫作排除——碰到一件事，首先思考一下当前这件事是不是我们真正需要做的。如果不需要，那就需要排除掉。需要做的，就进入下一层——自动层。

2. 自动

在这一层，你要思考当前这个任务是不是可以被自动化。比如某些可以设置成自动付款的账单，房间内的自动化设置。平时工作上很多重复性的劳动可以通过自动化工具解决，我自己就是一个特别喜欢自动化工作的人。只要一件事让我看来今后还有重复发生的可能性，我就会尽一切可能自动化它。比如很多频繁重复的工作，我会写自动化脚本或者用一些自动化工具解决；平时我所管理的一些需要客服的店铺，我尽量把常见问题都设置成自动回复；我跟我牙医的定期预约，是通过自动化邮件完成的；家里的温控、灯光控制、浇水系统也都是自动化的。甚至连我每周吃的食材也都是自动在网上订购的。所有这些可以在当前花一点额外时间自动化的事儿，都可以在未来帮你创造更多的时间。之后那些不能自动化的事，就可以进入再下一层——委派层。

3. 委派

不要试图把所有事儿都挑在自己肩上。学业有先后，术业有专攻，即使是再全能的人都一定有自己的短板，况且有些时候即使是我们擅长的事，也可以通过委派来节约时间。为什么听起来很浅显的道理，很多人却经常想不到，或者压根不愿意委派？有人觉得这是耽误时间，有我教他的工夫我自己都做出来了；有人觉得别人做得没有自己好，让别人去做我不放心；还有人不愿意麻烦别人或者不愿意浪费钱。你这样的想法可能对一次、对两次，但是时间一长，你会发现你一定是错的。因为你没有长期思维，你放弃了本可以创造更多时间的可能性。

4. 专注与拖延

接下来，当我们发现委派也不适用，任务最终还是要自己做的时候，我们此时还有两个选择：一个是专注，另一个是拖延。如果你选择专注，就请拿出 100% 的专注力去搞定它。而如果你选择拖延，那我们的任务就再一次回到了聚焦漏斗的顶端，在一段时间之后等待再次"过一遍筛子"。这样做的好处很明显，因为很多事情可能就因为我们的拖延，变得不再重要，甚至完全不需要处理了。生活中这样的例子很多，比如你朋友麻烦你做的事，因为你的拖延，他可能就找到了别的处理方法；你可能因为购物前拖延的几分钟，就避免了一次冲动消费；傻白还曾经因为当时创业项目的方向不够清晰、时机不好等问题选择了拖延，一段时间之后却发现了更好的创业项目。由此可见拖延其实也不完全是件坏事。

未来管理这一套时间管理方法继承了优先级管理的优势，也就是告诉我们并不是所有事都是值得我们去做，或者说起码不值得我们现在就去做。同时，它也确实通过自动、委派这两个功能实现了在未来获得更多时间的目的。所以，如果你也想实现时间自由，想更高效地管理自己的生活和工作，请你不妨尝试一下这套时间管理理念吧，相信你一定不会失望的。

第六章

摆脱思维陷阱，成就更强大的自己

世界在变，你的舒适区会因为外界的变化相对缩小。所以，你需要扩大自己的舒适区，在自己的能力范围内，不断地在舒适区和学习区之间"反复横跳"。弱者被动接受，强者主动改变。想要拥有强者思维，就要时刻相信自己永远都有选择，抛弃决定论，在困境中多思考"我能做什么"，这才是你成为强者的必备心态。

第一节　拔掉思维中的刺

在我童年听过的诸多睡前故事中，让我印象比较深刻的是一则名叫《狐狸与葡萄》的寓言。这个故事很有趣，讲的是面对一棵葡萄树，看着令人垂涎欲滴的葡萄，几只狐狸的不同反应：

葡萄树很高，第一只狐狸跳了几次也吃不到葡萄，最后笑了笑说："这里的葡萄一定很酸，吃不到算了。"然后心安理得地走了。第二只狐狸很执着，吃不到葡萄不放弃，它一次次地跳个没完，最后累死在了葡萄树下。第三只狐狸心想："身为狐狸，我竟然连葡萄都吃不到，活着还有什么意义呀？""之前有个偷吃葡萄的狐狸被打死了，我会不会也有相同的下场？"于是它整天闷闷不乐，抑郁成疾，最终不治而亡。第四只狐狸很聪明，它跑了很远的路去农户家拿到了梯子，摘了葡萄，最后满载而归。

面对同样的事情，不同的狐狸思维不同，得到的结果也完全不同。我们又何尝不是这样？现实生活中，我们也会面对很多问题和烦恼，有很多是你可能完全意识不到却又被不知不觉影响着的"思维陷阱"。

第六章

摆脱思维陷阱，成就更强大的自己

一、灾难性思维

我有一个同事，每天都担心自己会被开除。他经常跑到我办公室跟我抱怨："我上司刚向我要了上个月的工作报告，他不会是觉得我工作效率差吧？""上司刚才跟我生气了，我不会要被开除了吧？""总监突然要把全组的人都拉去开会，这不会是要裁员了吧？"这位同事已经安稳地在这家公司干了十年了，此前并没有任何要被辞退的迹象。

这让我想到了契诃夫的小说《小公务员之死》里的那个可怜的小公务员。在一次看戏的过程中，他不慎将唾沫溅到了坐在前排的一个大将军身上，本来那位大将军并未将此事放在心上，可是这个小公务员内心总是惶恐不安，总是怀疑自己冒犯了大将军。他一次次地向这个将军赔礼道歉，弄得将军不胜其烦，最后大发雷霆。一顿臭骂之后，这个小公务员竟然被活活吓死了。

我的同事和这个小公务员，都属于典型的"灾难性思维"，他们习惯将所有的后果都灾难化，把后果无限放大，总是做最坏的打算，以至于自己产生了巨大的恐慌心理，严重妨碍了正常生活。这种灾难性思维在生活中还挺普遍的，比如有的人还没开始创业，先设想了自己创业失败的样子；有的人还没上台演讲，先设想了自己忘词然后被全场观众嘲笑的情形。

有这种思维的人往往会因为过分的担惊受怕而对面前的机会畏首畏尾、裹足不前。灾难性思维不仅会影响正常的生活和工作，还会引发人的焦虑情绪，让人陷入悲观的思考中，且无法在思考中找到可行的解决方法，有的人甚至会失去面对生活的勇气和信心。那么，面对这种灾难性思维该如何化解呢？

答案就是：接纳不如意。

《对生命说是》的作者奥南朵曾说过："要想走出问题，先要走出头脑。"勇于对生命说"是"，对你遇到的问题说"是"。这既不是让你妥协，也不是让你拒绝，而是在接纳之后，可以从不同的角度看问题，从而把事情看得更透彻。你要知道，面对难题时，无助、恐惧、害怕出事等一系列想法都是正常的心理活动。先接纳它们，允许它们出现在自己的脑海里，然后将这些悲观的想法替换成"这些想法都不是真的""我们应该客观一点""出事的概率几乎为零"等积极的心理暗示。完成对生命说"是"的过程，也就基本消除了恐惧感。

二、舒适区思维

著名作家斯蒂芬·金曾经说过："我们要从熟悉的地方出发，但我们不能停留在那里。"《能力陷阱》这本书里也提到过："一个人做自己擅长的事，会像毒品一样上瘾。"没错，我们做自己擅长的事会带来成就感，但是越擅长就越不想放手，于是就形成了一个闭环，它会让你一直停留在舒适区。

我的朋友老张是一个程序员，在公司兢兢业业工作了十多年。这么多年，他一直干着自己得心应手的工作，虽没有明显的职业发展，但也一直没有出现大的差错。他怎么也没有想到，就在一个平平无奇的早晨，他被公司的人力部门约谈了。面临失业后的巨大家庭开销，老张几乎崩溃。这么多年，老张一直做他最擅长的一个小版块，熟悉到闭着眼睛都能做出来的程度。可他并没有发现市场早已更新迭代，技术也一直在进步，而他却一直都在原地踏步。没什么亮眼的业绩意味着没有创造更多的价值。也曾有朋友劝他要居安思危，多去尝试一些崭新的领域，但他都没有兴趣。跟不上时代的步伐，被裁员也就成了顺理成章的事。

面对舒适区思维，我们应该怎么办？

答案就是扩大舒适区。为什么不是跳出舒适区呢？

心理学一般将人类感知外部世界的状态分为三大区域：

（1）舒适区：我们熟悉的领域，擅长做的事情。

（2）学习区：我们不是很了解，但是踮踮脚可以够得到的领域。在这里可以学到东西，并且让技能得以提升。

（3）恐慌区：完全不了解，会让我们茫然无措，感到恐慌的领域。

很多人都觉得，人活着就是为了开心。在舒适区里，做自己擅长的事，并且因此收获快乐和安全感能有什么错？然而，世界在变，你的舒适区会因为外界的变化相对缩小。所以，你需要扩大自己的舒适区，在自己的能力范围内，不断地在舒适区和学习区之间"反复横跳"。对于老张来说，他可以去学习领域内的热门技术、前沿科技或者利用现有领域经验跨行业做副业，比如与有电商经验的人合作开发团购平台，跟教育背景过硬的朋友合作进行教育类 App 的研发等。

三、极化思维

在所有的思维模式里，最容易毁掉一个人的就是极化思维了。秉持这种思维模式的人，通常会有两种表现，一种是认为事物非黑即白、非对即错，永远以二元对立的方式看待世界；另一种表现是誓死捍卫自己的观点，谁要跟他持相反的意见，就会遭到激烈的反对，甚至极端的打击。而这些一成不变的绝对化观点，往往会带来极端且可笑的行为。有些人会因为别人做了一两件与自己观点不同的事而全盘否定这个人，为他扣上帽子、打上标签，甚至背后诋毁。他们完全没有就事论事的能力，仅仅为了一个观点的分歧，就能跟任何人剑拔弩张。

但是他们不知道的是，有时候所谓的观点之争，其实只是立场不同，或者说是观察角度的不同导致的。如果站在上帝视角看，很多事儿可能压根就没有对错。所以，你的观点是什么完全取决于你所在的立场、你的认知水平，你的经历、心态、性格等一系列因素。

如果你意识到了这种思维的危害，明白了事情的严重性，那你不妨尝试以下做法。首先，在做决定之前要尽量启动慢思考模式，别让直觉干扰你的判断。尽量不要一上来就下结论，可以先列出几个备选项，做选择题。其次，经常通过"自我辩论"的方式去质疑一下自己的观点，试着去理解、接纳那些你不认可的人和事。成长通常意味着对自己过去一部分认知的摧毁和重塑，为的都是让自己变得更全面、更客观，发现一些之前可能没想到的角度和观点。

四、合群思维

盲目地、不经思考地加入一个群体，跟风、追热门、看大多数人在干什么生怕自己会落下，这些都是典型的合群思维。所谓合群，就是不想显得自己格格不入，避免被群体孤立。《乌合之众》一书里写道："人一到群体中，智商就严重降低。"因为他们会为了别人的认同而轻易放弃思考、抛弃是非，去换取那份可怜的归属感。盲目的合群让你丧失了提高自己的机会，你自以为适应了社会，积攒了人脉，其实只是在做无效社交。

独处的能力，在当今这个时代显得特别重要，谁能在喧嚣的环境中静下心来做事，谁就能迎来最终的绽放和爆发。叔本华就说过："人的合群性大概和他知识的贫乏，以及俗气成正比。要么孤独，要么庸俗。"亚里士多德也说过："离群索居者不是野兽，便是神灵。"人生就像在打俄罗斯方块，你合群了，也就消失了。平庸的人，选取热闹来填补生命；而超拔的人，以孤独来成就自己，达到生命的饱满。这个世界，一些人赢在了不像别人，而更多的人却输在了不像自己。

五、稀缺思维

很多人都会受稀缺思维的影响，越是缺乏什么，就越是在乎什么。比如自卑的人往往会格外在乎别人的评价，自尊心也会比较高，因为他们很少得到别人的赞许和尊重；贫穷的人会格外地在乎金钱，他们会想尽一切方法挣钱或者省钱，当然其中也有人更在乎"有钱的状态"，他们会尽可能地用名牌、奢侈品把自己武装得像个"有钱人"。这种思维方式往往会带来一些不良影响：

（1）急功近利。因为看到自己短期之内无法达到期望中的物质条件，所以选择铤而走险，触碰法律的底线。

（2）忽略真正重要的事。他们不会去思考自己的时间有多值钱，总是把时间浪费在无关紧要的事情上，而忽略了那些重要的事。就像哈佛大学终身教授塞德希尔·穆来纳森和普林斯顿大学的心理学教授埃尔德·莎菲尔合著的《稀缺》这本书里写道的"人们的视野会因稀缺心态变得狭窄，形成管窥之见"。他们的判断力和认知能力也会因为过于关注眼前问题大打折扣。他们会把大量的精力用来计较眼前的微利，而不是思考长远发展。

（3）难以把握真正的机会。很多拥有稀缺思维的人会错把机会当骗局，在机会到来的时候畏首畏尾，生怕自己被骗。

稀缺心态会让人短视，让人只关注眼前的苟且。想要打破它，你就必须反其道而行之，去谋求长远发展。不要因为稀缺，而影响你的决策。

六、模式化思维

所有的模型、公式、道理等从本质上来说都是我们认知复杂世界的一种快捷方式。我们总是从过往的经验里总结规律，形成模式化思维。比如我们学到的各种定理和定律。模块化思维确实可以缩短我们的思考路径，让我们更快地做出判断，但如果在任何情况下都套用这种前人的经验、总结，久而久之，大脑就会僵化地按照这些模式采取行动。

怎么改变模式化思维？最重要的是，在每次思考问题的时候提醒自己不要老去套用前人的那些经验、道理或公式。做重要决策之前应多思考其他的可能性，适当放弃脑子里那些执念。越是"大家都在用""历史上都在用"的思路就越要警惕，因为它很有可能让你跳过思考的过程而直接下结论。

对抗模式化思维还有一个很实用的好方法，那就是逆向思考——对行为本身进行倒置。比如某些创意餐厅里是由厨师决定吃什么；某些音乐会上，演奏者会让观众决定演奏什么等。

七、弱者思维

所谓的弱者思维，就是依赖型思维。绝大多数人在成长早期都是依赖型思维，依赖父母和老师等。但也有一些人，在成长的过程中开始独立，碰到难题的时候首先想到的是自己怎么把它搞定。这种思维就是强者思维。是否积极主动是区分弱者思维和强者思维的

允 许 自 己 做 自 己

关键因素。那积极主动的人都有哪些特质呢?

美国著名管理学家史蒂芬·柯维在《高效能人士的七个习惯》这本书里提到了关注圈和影响圈的概念。普通人的注意力通常都放在关注圈里，比如天气、世界局势、各类新闻等。而高效能人士，也就是那些拥有强者思维的人，他们的注意力通常都会放到影响圈里，比如事业、教育、技能、习惯、决策等。相比于关注那些跟我们无关的信息，关注那些跟我们自身利益、个人成长息息相关的东西才最重要。所以，想要打破依赖，变成强者思维，首先就要在海量的信息中尽量选择那些对我们有用的信息，把自己的关注点多多集中在"影响圈"里。

被动的人喜欢抱怨周围的一切，比如基因、环境、性格、运气等，把自己伪装成那个没有选择的受害者，从而为自己的失败找到借口。对于他们来说，失败不仅是失败的原因，也是失败的结果；而主动的人则知道抱怨无益，他们只想改变那些能改变的，把可控范围内的事做到最好。也就是因为这种想法，就导致了不管是什么样的逆境，他们都会认为自己充满选择。

弱者被动接受，强者主动改变。想要拥有强者思维，就要时刻相信自己永远都有选择，抛弃决定论，在困境中多思考"我能做什么"。这才是你成为强者的必备心态。

第二节　浅谈熵增定律

既然生命终将结束，万物终将凋零，宇宙终将热寂，那人生的意义在哪儿？我们为什么要努力？我们为什么要上学上班、成家立业、结婚生子？如果你对人生的终极奥义存有疑虑，那么你可以了解一下熵增定律。

原腾讯副总裁吴军曾经说过一句话，他说，如果哪天地球毁灭了，需要在一张名片上写下人类文明的全部精髓，他会把人类文明概括为三个公式：数学起源、质能方程和熵增定律。其中，熵增定律被无数人奉为揭示宇宙、世界、人生规律的本质定律。爱因斯坦曾说过，熵增定律是第一定律，很多规律和道理都是由它得来的。那么，什么是熵增定律？简单一句话概括就是：在一个孤立的系统里，如果没有外力做功，其总混乱度，也就是熵，会不断增大。乍一听，这好像是一个非常复杂、深奥、神秘的理论，但其实，熵增定律所描述的现象在我们现实生活中比比皆是，比如没人收拾的街道会越来越乱，不定期清理的电脑会越来越卡，不护理的皮肤会越来越松弛等。熵增定律告诉我们，如果没有外部刺激，本来有序的事物一定会变得越来越混乱，所有事物一定会不可逆地朝着坏的方向发展。正如人的终局一定是死亡，宇宙的终结一定是热寂一样。

按照这种说法，一切看起来很悲观，但请你别着急，熵增这一过程虽然是必然的，但是我们有办法让它减慢，甚至是相对停止。薛定

允 许 自 己 做 自 己

谔曾说过："人活着就是在对抗熵增，生命以负熵为生。"熵增定律的两个限制条件是孤立的系统和无外力做功。所以，要想延缓熵增，可以从下面两个方法入手。

第一个方法是开放系统。找一个更大的系统去接收我们这个小系统里多余的熵。比如很多企业实行末位淘汰制，就是在使用外力做功，让企业内部更加有序。我们总是强调人要突破舒适区，要多读书、多旅行，不断更新自己的认知，也是在延缓熵增，通过开放系统，实现相对的熵减。

第二个方法是外力做功，通过主动投入能量来减少熵增。很多公司在初创期和成长期，大家很有活力，随着人员变多，制度变得繁杂，组织结构变得臃肿之后，效率就会降低，如果没有新鲜血液的流入，公司就开始走下坡路，最终倒闭。人也是一样，不运动你就会变胖，不努力就会被淘汰，任由自己的人生随波逐流，生活就会变得一团乱麻，逐渐丧失对生活的主导权。

人为什么会出现精力不集中、焦虑、抑郁这些负面情绪？本质还是因为熵增。很多情绪交织在一起，乱成一团，我们的注意力当然无法集中，我们的负面情绪也会越积越多。对于这种情况，"冥想"就是一种不错的外力，你需要用它来定期清理自己的情绪垃圾，让自己专注当下。再比如，随着时间的推移，社会和技术环境都在不断变化，这就意味着我们必须不断适应新的情况和变革，以保持竞争力和生产力。这就需要我们不断地通过学习来实现外力做功。

对抗熵增的过程一定是极其艰苦的，因为我们都有惰性，人类的大脑都喜欢维持原状。我们每天从床上爬起来可能都要耗费意志力，因为这些其实都是在跟熵增作斗争。在我看来，熵增定律更像是老天给我们所有人的一次选择权。如果你今天什么都不做，明天就不会变得更好，父母会老去，友情会变淡，恋人会分开，你过去担心的、厌恶的那些事，最终都将变成现实。熵增虽然不可避免，生命也终会走向尽头，但是在这个过程中，通过对抗熵增，延缓熵增的过程，让我们在人世间能够多体验一些东西，这可能就是生命的意义了吧。

第三节　如何做出优秀的决策

工作选 A 还是 B，创业怎么抓住风口机遇，怎么挑选合适伴侣，所有这些事情都属于决策的范畴。人生其实就是你过去所有选择的总和。当然，决策跟逻辑、概率、认知等一系列复杂的问题有关。然而，很多人在做重大决定的时候并没有经过深思熟虑，往往只是一拍脑袋就定下来了。对于生活中足以影响人生走向的某些重大时刻，比如择校、择业、重大项目的投资策略、跟谁结婚等，我们需要运用科学的决策方法。在我看来，一个科学的决策从无到有，再到执行完毕基本可以分为六个步骤：

允 许 自 己 做 自 己

一、明确目标

这一步基本就是在定义问题，即你想达成什么目的，获得什么结果。很多低质量的决策往往是因为它的提出者从一开始就没有一个清晰明确的目标。比如，很多人在选择工作的时候并没有明确自己究竟想要什么，也没有考虑自己的兴趣、技能、价值观是否符合这个职位，就稀里糊涂地入职了。多年之后，发现自己根本不适合这个行业。

2016 年，谷歌推出了一款名为谷歌眼镜（Google Glass）的可穿戴设备。在产品设计之初，决策部门并没有明确定义该产品的目标和需求，大家只是觉得"这应该是一款很酷的智能眼镜"，至于它究竟能干什么，能解决什么问题，能安装什么应用，这些问题在开始之前并没有想清楚。最终，这款产品的推广失败了。所以，明确目标是第一位的，并且在此后的每个阶段都要严格遵守，保证不会出现偏离。

二、收集数据

这一步主要是看我们都有哪些选择。很多时候，我们之所以感觉很难决定一件事，是因为我们的选择不多。所以，决策高手会想尽一切办法增加自己的可选项。很多时候我们仅凭自己的经验很难找到比较多的选项，我们需要搜集一些跟自己相似情况的决策场景，看看他们都用了什么方法。比如我曾经在一次项目的决策过程中，发现自己所在的部门并没有太多的解决方案，为了增加可选项，我在公司内的不同部门寻找相似场景，之后又在同行业的其他公司中搜索解决方案。

就这样，我用了两周的时间把最初的三个备选方案，扩展成了八个不同的解决方案。选择增多了，决策质量自然大幅提高。

在美国经济学家大卫·R.亨德森所著的《决策的智慧》这本书里，作者举了一个特别有意思的例子。他和家人去度假，发现宾馆里的枕头特别硬，睡一觉醒来脖子很疼，而宾馆并没有其他类型的枕头，他们只能换一家宾馆。可是一打听，换一家舒适的宾馆每天要多花200多美元，很不值。怎么办？是多花点钱换一家酒店？还是为了省钱忍一忍继续住在这里？如果是你，你会怎么选？最后，作者并没有在这两个方案里做选择，而是找到了第三个方案——上街买两个舒服的枕头，只花了几十美元就圆满地解决了问题。所以，我们在做决策的时候，经常会被眼前有限的选项限制了思维，蒙蔽了双眼，认为答案只能在眼前的选项里产生。其实，换一种思维，你会得到更好的答案。

在做决策时还有一点需要我们注意，那就是，我们每做出一个选择一定也意味着我们放弃了其他的选择，而放弃的最大价值就是当前选择的机会成本。而且，我们收集的所有数据都要确保其可靠性与时效性。如果数据虚假或不准，就会导致我们做出错误的决策。所以，即使我们想要增加选项的数量，也要确保这些选项是可靠的。

三、分析和评估

要分析和评估这些选择的优劣，确保最终的选择与我们的目标和价值观相符。在这一步，很多人都会犯一些常见的错误，比如：

允 许 自 己 做 自 己

1.选择性偏差

就像著名作家沃尔特·李普曼说过的："我们不是先看见再定义，而是先定义再看见。" 这种现象很常见，比如有些人在买东西的时候无法听取别人的意见，他们往往会被一些因素吸引，形成自己先入为主的判断，后面一切关于这个东西的负面评价都被他们忽略掉了。这就是选择性偏差，他们会先入为主地做出判断，之后会不断搜集有利于最初判断的线索，而将那些跟自己判断相反的观点全部屏蔽掉。避免这类错误的方法，就是在做出重大决策之前，思考一下自己是不是受到了某种动机驱使，会不会有先入为主的判断，而以特定的方式看待事物。

2.理由先行

请各位读者思考一下，做决策的时候，是理由重要，还是结果重要？我相信绝大多数人都知道，一定是结果最重要，对不对？但事实上，我们平时做决策的时候，会优先考虑理由。比如因为同学或同事让你受了委屈，受了不公平待遇，你就决定报复他们，而不会考虑报复后的结果。如果你能停顿片刻，等自己冷静下来后再做决策，结果就完全不一样了。影响我们当下决策的往往是情绪，如果能站在未来看现在，情绪的因素就可能被排除在外了。

3. 了不起的我

高估自己是很多人的通病。很多人在做决策的时候通常会把自己特殊化，觉得一切有利因素都会站在自己这一边。比如人们在炒股时通常觉得自己是幸运的，觉得自己选的股票一定没错。但据统计，A股市场上散户没有赚钱的比例超过 95%。这么小的概率，这么多专业的投资者，为什么你会相信自己是那幸运的 5%？

要想解决这类问题，我们在平时就要多多培养自己的量化思维能力，即碰到任何需要决策的问题，最好能用数值把它表示出来，然后依据概率做出决策。一个优秀的决策，必须是成本小、收益大的，也就是性价比高的。那怎样才能知道性价比呢？靠"量化"——通过结果产生的价值来比较哪个选择更好。比如，你会选择用一个小时的时间来工作还是来收拾房间？如果你工作一小时的收入是 100 元；找家政阿姨打扫卫生的时薪是 80 元，那么你可以选择找家政阿姨。

4. 成本陷阱

绝大多数人都会掉进的两个决策陷阱，一个是忘了考虑机会成本，另一个是无法忘记沉没成本。

先说第一个成本陷阱——忘了考虑机会成本。假如你花 10 元买了一个课程，用一个小时将其看完。请问你花了多少成本？绝大多数人会说 10 元，但其实你忽略了机会成本。如果这一小时你去做其他的事情，由此带来的最大收益，才是你此时真正的成本。比如这一小时你放弃了工作，而你的时薪是 100 元，那这一小时你真正的机会成本就是 110 元。

咱们再说第二个成本陷阱——无法忘记沉没成本。什么是沉没成本？简单地说就是我们过去做的决定所产生的成本。比如你花 10 元买的课程，看了 5 分钟就实在看不下去了。那此时你买课程的钱和你浪费的 5 分钟，就是沉没成本。

生活中这种例子很多，比如你去看一场电影，看了一半发现电影很烂，此时绝大多数人都会选择继续看下去，因为不想浪费；做着自己不喜欢的工作，本来想跳槽，但是考虑到已经付出了这么多努力，于是决定再熬一熬。这些都是因为你纠结在过去的"沉没成本"，错把沉没成本当作成本来进行决策了。

四、寻求建议和反馈

每个人都会有自己的偏见和局限，我们无法保证自己做出的所有决策都是最优解，所以很多时候我们需要依靠外界的力量来辅助自己做出决定。这也就是我们古人所说的兼听则明。这些建议可以来自朋友、同事、师长、家人，只要是能提出不同意见的人都可以。为了避免选择性偏见，避免太多人陷入一种思维里，很多决策者甚至会专门找几个人跟自己唱反调，力求通过对不同提案的辩论来找到新思路。

五、控制风险、制定备选方案、做出决策

了解一切可能存在的风险以及制定应对风险的备选方案，可以帮助你及时规避风险，并且为不同结果做好准备。很多时候，我们做出的决策并不一定是"一锤子"买卖，我们是有办法提前预知结果，并且采取备选方案的。比如我们可以在决策之前提前想好意外情况，并针对不同的意外做出相应的对策。

另外，很多优秀决策者喜欢用临界法去逆推决策可能产生的风险。举个例子，你要决定自己是不是应该开一家奶茶店。如果用临界法，我们可以先假定这家奶茶店在一年之后倒闭了，然后往回推导可能的原因，比如旁边出现了竞争者、有人喝完拉肚子影响了信誉、工商局检查没有通过、门口修路影响了客流量，等等。针对每种可能的因素，我们可以提前制定相应的对策，做到有备无患。

六、复盘和总结

依据结果对之前的决策进行总结复盘，这一步不仅可以帮助自己及时地对当前决策进行调整，也有助于我们今后进一步提升决策质量。很多人都没有复盘总结的习惯，一个决策做完了，不管好与不好都由它去；只要决策正确，就觉得是自己英明的决断，是努力的结果；但凡判断失误，那就是运气差，是不可控因素。在我看来，这些习惯和思维都是非常不利于我们成长的——成功的经验和技巧不能得到复制，失败的教训也无法得到总结，以至于凭借运气的成功下次无法继

续，规律性的错误下次还会再犯，这些是我们不愿看到的。

总结复盘的方法其实不用我多说，这里我着重强调三个问题，这也是我在复盘的时候经常问自己的。

问题一：这次决策成功/失败的原因是什么，运气成分有多少？

问题二：在之前的场景里，如果换成另一种方案，会出现什么结果？

问题三：我学到了什么？

只要在每次重大决策过后稍微思考一下这三个问题，就可以让你的决策水平以肉眼可见的速度得到提高。

以上就是一套决策的完整流程。当然生活中一定还会出现某些"灰度决策"的场景——没有清晰的方向，没有非对即错的选项，也无法避免糟糕的结果发生，甚至我们只能在差与更差之间做出艰难的抉择。比如伦理学里那个经典的"电车难题"；比如你是个手术医生，面对先到的病人和危急的病人，需要你二选一；再比如你是一个毕业后就没再上班的家庭主妇，你的另一半背叛了你，面临婚姻、孩子的抉择，你该做出怎样的决定？在以上这些场景里，即使完全依照我分享的这些决策方法，也很难得出一个100%满意的答案。在这种情况下，我们就要额外引入价值观作为判断依据了。这类决策虽然很难，并且没有标准答案，但只要是遵从自己的价值观做出的决定，就是你当下的最优解。

第七章

找到你的天赋和热爱

　　只有对外界事物抱有兴趣才能保持精神上的健康。只有热爱，才能帮助我们对抗生活中的空虚感。很多人整日焦虑，却不曾思考过，究竟什么才算热爱。我觉得真正的热爱是那种你通过内驱力产生的，愿意心甘情愿干一辈子的傻事。

允 许 自 己 做 自 己

第一节　爱好可抵岁月漫长

你是时时刻刻都能感觉到幸福的人吗？

英国著名的文学家、哲学家罗素在他的很多作品中都提到了他童年和青春时期的悲观情绪。据他描述，他是生来就感觉不到幸福的人。少年时期罗素喜欢的圣歌都很悲伤，青春期他开始叛逆并憎恶人生，甚至多次想过自杀。当时帮他度过困难时期的是对数学知识的渴望。后来他又专注于文学、哲学等多个领域，逐渐摆脱了过度关注自我的困扰，对生活的热爱也随着时间的推移而增长。后来，罗素写了一本书叫作《幸福之路》，在书中他写道：只有对外界事物抱有兴趣才能保持精神上的健康。只有热爱，才能帮助我们对抗生活中的空虚感。

一、你为什么常常感觉不幸福？

当下这个时代，我们明明可以吃饱穿暖，又有如此多的娱乐项目，不论是物质还是精神条件都远胜于几十年前，但是我们的幸福感却在逐渐流失，这是为什么呢？

第七章
找到你的天赋和热爱

1. 把幸福简单地定义为快乐

很多人都觉得人这一辈子开心最重要，但这种观念存在很大的问题。首先就是快乐往往很短暂，看剧、刷视频、打游戏这些轻松就能收获的快乐，往往只是一瞬间的事儿。我们的人生很长，如果为了短期的快乐牺牲了长期利益，往往最后就会演变成长期的闷闷不乐。比如你为了口舌之欲而不注意饮食管理，最终肥胖和病痛会让你不快乐；一次性的冲动消费会让你爽快一时，但当你下个月不得不通过节衣缩食来偿还信用卡的时候，你会感到很不快乐。

另外，快乐是有适应性的。之前我们讲过多巴胺，不断地追求快乐会导致满足感降低，这种现象被称为适应性。当边际效应递减，你的多巴胺阈值在不断地被拉高时，你会变得越来越难以满足。在哲学范畴里，快乐是消费性的，每次快乐都是一次性消费，留不下什么决定人生意义的东西。而幸福是生活的整体成就，它不是一时半会儿的兴奋。人应该为了幸福去放弃掉某些短暂的快乐，比如你应该为了身体健康管住自己的嘴；你应该为了婚姻幸福而努力，而不该只图一时的快乐。

2. 对比体系出了问题

很多人都喜欢横向对比，而忽略纵向对比。不管取得了多大的成绩，都不愿意与自己几年前的境遇做对比，而更喜欢跟周围的同龄的同事、朋友做对比。而这种横向对比是幸福感的一大杀手。很多人之所以不幸福，是因为他们追求的不是幸福，而是比别人幸福。其实，人的际遇和周遭环境总是在不断变化的，与别人对比，你可能永远都感觉不到幸福，只有与过往的自己对比，你才能体会到成长的幸福。

3.金钱至上

物质是获得幸福的基本保障，但如果一味只追求金钱和物质，就会导致我们只会关注财富这种外在目标，而忽略自我的内在目标，情绪很容易受到外在事物的影响。另外，一个单纯的物质主义者是永远不会满足的。当你的物质条件获得增长，社会地位获得提升之后，你会立即创造出一种全新的标准来衡量自己。金钱也会诱使人玩命地追求以最小的投入去博取最大的产出，这是个没有尽头的游戏。在金钱的游戏里，无休止地卷来卷去，你觉得你会幸福吗？所以，打破内卷，收获幸福，就需要你摆脱大众长久以来的金钱至上的价值观，不以钱多钱少来衡量成功失败，或者起码不把它作为唯一的标尺，你就会幸福很多。

4.把幸福建立在别人之上

很多人都喜欢把自己的幸福建立在别人身上。比如希望自己的另一半可以一直对自己好；希望自己的孩子可以考上重点大学；希望老板给自己涨工资。所有把自己的幸福建立在别人身上的人，相当于主动放弃了自己掌控幸福的权利。而那个"别人"，是不可控的。哈佛大学 2003 年的一项调查报告里提到过，现代社会决定我们幸福的最大的因素，就是人际关系。而你在人际关系里收获不到快乐一个很大的原因，就是你对别人的期望过高，所以别人的起起伏伏就会导致你自身幸福感的波动。你就像一个提线木偶，别人可以轻易地让你哭、让你笑。你要明白，你的幸福是独立的。你可以自己挣钱养活自己，可以环游世界，也可以吃遍天下美食、赏尽世间美景。这一切都与别人无关。

5. 没有活在当下

很多人抑郁、焦虑的底层原因，要么是过度地反刍过去，要么就是过分地担忧未来。这会导致你无法专心地享受此时此刻，更无法进入心流状态。

6.KPI 人生

KPI（Key Performance Indicator）俗称关键绩效指标，是大公司里经常拿来衡量员工表现的标准。如今，很多人把它用在了生活中。很多人认为，只有实现了目标，才能幸福。就比如，"等我财富自由了，再去享受人生""等我考上好学校，我就自由了"。这种想法确实能让人产生干劲，但问题是，这类人会将幸福推向未来遥远的某个节点，在 KPI 达成之前，生活意味着牺牲、代价和长期忍耐。如果 KPI 定得太高，没能实现，怎么办？比如财富自由，大多数人都很难实现，

允 许 自 己 做 自 己

这辈子是不是就注定无法幸福了呢？当然不是。幸福不应该是结果，而应该是过程。我们应该学会在过程中体验幸福。

二、幸福的秘方

刚才我们提到了各种不幸福的原因，相信聪明的读者已经总结出了几个能让自己幸福的关键词，比如"长期主义""跟自己比""低物欲""自我价值""活在当下""享受过程"等。只要找到自己热爱的事，并且专注于它，幸福就会如期而至。然而，怎样才能找到自己的热爱呢？

我曾经看过一本书，叫作《临终前最后悔的五件事》，作者是一位在澳大利亚做临终关怀的护士。这个护士总喜欢问这些老人同一个问题："你的人生是否还有遗憾？如果人生可以重来一次，你会做出什么样的选择？"众人的回答大都惊人地相似。大多数人会说："我希望按照自己的意愿生活，而不是按照他人的期望生活。"当年这个故事对我的触动很大，也让我重新思考：我该怎样度过自己的一生？我究竟喜欢的是什么？

事实上这个问题很多人可能都没有答案。很多人整日焦虑，却不曾思考过，究竟什么才算热爱。我觉得真正的热爱是那种你通过内驱力产生的，愿意心甘情愿干一辈子的傻事。

日本动画导演宫崎骏，他对动画的痴迷和对艺术的坚持尽人皆知。宫崎骏从小就对绘画和动画产生了浓厚的兴趣。他曾在一家动画制作

第七章
找到你的天赋和热爱

公司工作，但在那里他并未找到自己的梦想。后来，他决定自己创作动画，将自己的想法付诸现实。宫崎骏一直坚持用手绘动画的方式来创作，尽管这种方式比计算机制作的动画更耗时耗力，但是他却不在乎。他希望让自己的作品纯粹一点，远离功利主义和商业化。也就是宫崎骏这种对于动画的痴迷和对细节的严格把控，让他推出的每一部作品都广受好评。通过坚持自己的热爱和信念，宫崎骏逐渐成为世界著名的动画导演。他的作品也荣获了许多奖项，比如2003年的奥斯卡最佳动画长片《千与千寻》。

凡是能找到终身热爱之事的人，通常都做对了以下这几点：

第一，不迎合，不趋同。爱好不是为了迎合别人的口味和评价，而是发自内心喜欢的事情。你可以问自己三个问题。首先，什么事情即使你没有钱，没人在意，你还愿意去做？这个问题可以帮你确定内在动力。据我观察，很多爱好发展到极致确实能给人带来不菲的物质回报，但是那些拥有真正热爱的人，往往在一开始时的追求跟金钱无关。其次，用终局思维去思考，假如你的生命只剩短短的三到五年，有哪些事是你愿意频繁去做的？这个问题是从时间的维度来考量，你究竟愿意把有限的时间花在哪里。最后一个问题，回想一下，你身上最让人称赞的是什么？当局者迷，旁观者清，旁观者给出的建议，往往可以成为重要的参考。

第二，敢于尝试，不怕试错。多去学习新事物，多去试错，很多时候找不到爱好就是因为你尝试得太少了。

第三，做深做透。有很多人确实是在不断地尝试，但往往在一个领域坚持没多久，就急匆匆地跳到另一个领域去了。很多学科和领域，如果你不做深做透，就不知道它多有意思。我最早接触计算机，觉得枯燥乏味；入门心理学，感觉虚无缥缈；看项目管理相关内容，又认为那是形式主义。直到后来我认真学了一段时间，并且尝试用它们解决了生活中的问题，我才发现，这些学科不像我原来想象的那样，这里面有意思的东西真的太多了。所以，任何领域一定要持续做一段时间，再决定要不要放弃。很多人通常在开始做一件事的时候往往会有各种怀疑，怀疑自己的能力、方向和做这件事的价值，以至于很多时候我们还没沉浸其中，就先把自己劝退了。而此时的"一段时间原则"起码能帮助你度过你对事情的怀疑阶段。

三、最高级的爱好——创造

主观上看，产生什么爱好是个人自由，不存在谁的爱好更高级一说；但是从客观上讲，因为不同爱好带来的价值不同，依据这些价值确实又能做出划分。

初级爱好——享乐。打游戏、刷剧、听歌就属于这一类。基本特点就是"快"。多巴胺上头，来得快，走得也快。毫无意义感和价值感，消耗的时间几乎留不下任何东西，带不来任何成长。即使某些善于思考的人在过程中能悟出一些道理，但是相比更高级别的爱好来说，你能从中汲取的养分微乎其微。

中级爱好——成长。这类爱好比单纯的享乐要高级，起码能让你获取一些收益。比如读书、运动、旅游、收藏等，这些爱好可以帮你成长，给你带来比较持久的影响。比如运动，你不仅在运动当中收获了快乐，因为运动，你会变得更健康，你的身材会变好，你的精神状态、睡眠质量都会得到提高。也就是说，你今天的运动，让你在十天、十个月甚至十年之后都会因此获益。

高级爱好——创造。如果一个爱好不仅能给你带来长期收益，让你感到意义和价值，并且还能影响到别人，对社会、对他人有益，这就是创造性活动。如果你拥有这样的爱好，那么恭喜你，你一定会收获幸福。

希望所有看到这一章节的读者朋友都能找到心中所爱，不管你是20岁、40岁还是60岁，人生不停，探索不止，让爱好陪你度过岁月漫长。

第二节　寻找你的天赋

经常有人跟我抱怨，说自己没有天赋，什么都做不好，什么都不突出。但是你可能不知道，天赋这东西，就像是埋藏在内心深处某个角落里那个蒙着破布的宝箱。每个人一定都会有属于自己的天赋，只不过绝大多数人都没有认真地发掘过。

允许自己做自己

所谓天赋，就是刻在你基因里的优势因子，你不用怎么刻意练习，也可以比别人快一步，比别人在某方面做得好。一个最快速的找到天赋的方法，就是去做性格测试。因为你的性格在某种程度上，可以很直接地反映出你适合做什么。在你充分了解了自己的性格特点之后，你也就知道自己擅长什么领域了。

说完简单的方法，再介绍一个更专业、更全面的方法。全球最具影响力的教育家肯·罗宾逊在他的著作《发现你的天赋》中详细介绍了人的八种天赋类型，分别是表达、视觉、听觉、运动、逻辑、人际、观察和内省。

·表达型天赋：这种天赋类型的人擅长用语言和文字表达自己的想法和情感，他们比较适合做演说家、广告人、作家、演员等类型的工作。

·视觉型天赋：这种天赋类型的人擅长通过观察、设计和创造视觉艺术来表达自己的想法和情感，他们可以准确识别视觉空间的结构，善于把所见之物用具体图像表现出来。他们比较适合成为画家、建筑师、设计师、摄影师、电影导演等。

·听觉型天赋：这种天赋类型的人擅长通过声音和音乐表达自己的想法和情感，对声音比较敏感，对于各种音律、节奏的感知度会比较强，他们适合从事音乐家、歌手、诗人、播音员、唱片制作人等工作。

·运动型天赋：这种天赋类型的人擅长通过运动和身体语言表达自己的想法和情感，操控自己身体的能力比较强，他们可以成为运动员、舞蹈家、演员、体育教练等。

·逻辑型天赋：这种天赋类型的人擅长运用逻辑和分析能力解决问题，条理性强，喜欢独处，喜欢一个人研究自己的课题，他们可以成为数学家、科学家、工程师、程序员、统计学家等。

·人际型天赋：善于敏锐地察觉别人的情绪、动机，情商高，喜欢和人打交道，他们可以成为销售、教师、辅导员、心理咨询师、领导等。

·观察型天赋：这种天赋类型的人好奇心强，擅长观察周围的世界和环境，并善于发现新的可能性和机会，他们可以成为科学家、探险家、考古学家、艺术品鉴者等。

·内省型天赋：这种天赋类型的人擅长反思和分析，对自己和周围的世界有着深刻的认识，他们善于设定并且实现目标。他们的纠错能力强，能快速适应各种环境。这类人比较少，他们可以成为哲学家、心理学家、思想家、作家等。

如果你不太清楚自己究竟符合以上哪种天赋，最简单的办法就是找到身边跟自己最亲近的 5 个人，让他们找出你身上比较优秀的一面，然后把所有人的反馈总结起来，找到其中的交集，这大概率就是你的天赋。比如，大家都认为你善于交朋友，那你非常有可能属于人际型天赋。寻找天赋的过程可能并不会那么顺利，因为人的天赋有时候藏得很深，你需要慢慢寻找才能把它找出来。以下是几

允 许 自 己 做 自 己

条寻找天赋的经验。

第一，天赋有时候藏在缺点里。这是一个可能会被95%的人忽略的事实。举个例子，我有个朋友从小就是话痨，每次开家长会，老师都会跟他爸说，这孩子哪儿都好，就是话太多。这个被老师要求尽力改掉的毛病，后来被证明其实是他的天赋，如今的他在销售团队中混得风生水起；我的大学同学曾经是个做什么都特别慢的人，不论是做作业还是考试，他总是拖到最后一刻才提交。为此同学们给他起了一个亲切的外号"肉枣"。因为他比我晚毕业一年，所以找工作的时候他特地向我咨询适合自己的工作。在我们聊了半小时之后，我突然发现，其实他"慢"的背后，是细心，是耐心，是对细节的一丝不苟，所以我推荐他选择去做软件测试。现在的他已经是独当一面的测试专家了。

有很多类似的故事都在说明一个观点：有时候被你唾弃，想要改掉的毛病，恰恰是可以让你平步青云的天赋。所以在寻找天赋这条路上，我们需要偶尔转换思路，不要总盯着自己的优点。

第二，天赋不一定等于兴趣。一提起天赋，很多人第一反应就是爱好，事实上，兴趣不一定等于天赋。就拿我来说，我非常明白表达和写作是我的天赋，但是这些并不是我的兴趣。我平时不怎么喜欢说话，讨厌表达，我对写作也不是很感兴趣，但是论成绩，我确实做得很不错。所以，这也是你要取舍的地方，你愿意一辈子为了爱好投入全部，即使手头拮据一点也心甘情愿，还是利用天赋让自己吃饱穿暖，把兴趣爱好放在业余培养？这个选择权在你，没有绝对的对与错。

第三，天赋需要行动力。很多人找不到天赋，还有一个很大原因，就是你了解的、接触的、实践的东西实在是太少了。我们大多数人从小接触的东西比较少，出了校门，也是天天两点一线地生活，导致大多数人根本不知道自己喜欢什么、擅长什么。因为经历少，再加上平时不喜欢思考，什么都不愿意尝试，那怎么可能找到自己的天赋呢？所以，我认为行动力不足是绝大多数人找到天赋路上最大的短板。很多人都在等着天赋来找他，而不是积极主动地去寻找天赋。

当然，我们不能唯天赋论。天赋、努力、运气是人生成功道路上不可缺少的三个因素。幸运不是常态，但一个人也不可能总是走厄运。机会来临的时候，能不能接得住，这跟我们平时的努力是分不开的。同样，天赋也是如此，就绝大多数人努力的那点儿程度而言，还远远没有到拼天赋的地步。所以，即使找到了你的天赋，也还需要持久付出努力。

第三节　冥想可以帮你解决很多问题

我在之前的章节里曾经多次提到过冥想，提出它对于注意力、感知力、精神状态的提升，以及对于压力和负面情绪的消解都是特别有帮助的。不仅是马斯克、乔布斯、比尔·盖茨等世界顶级大佬，包括

允 许 自 己 做 自 己

硅谷、好莱坞、华尔街无数精英也都在实践并且极力推崇冥想，就连很多世界顶尖学府比如哈佛大学、麻省理工学院、斯坦福大学等的实验室也都在研究冥想。

冥想跟打坐很像，据说它最早就是从打坐发展出来的，后来有人把它删繁就简，发展成现在的样子。市面上冥想的种类有很多，比如坐禅冥想、声音冥想、爱心冥想、动态冥想等，其中，瑜伽冥想和正念冥想是最流行的两大类。不管是哪一类，对我们都有帮助，并且也非常容易上手。千万不要把冥想当成什么高深莫测、遥不可及的东西，它只不过就是一种帮你专注当下的观察法。通过观察我们当下的呼吸、姿态、情绪、念头来帮助我们缓解焦虑，提高专注力，增强精神状态。就像做眼保健操可以帮你保护眼睛一样，每天做几分钟冥想练习，可以帮你提升生命能量。

一、冥想的好处

很多人觉得冥想对人的帮助不大，觉得所谓的冥想不过就是坐着不动，闭上眼睛去观察自己的呼吸、姿态、情绪、念头，心态也许会变得好一点，但客观事实并没有转变，到头来，还是会沮丧和焦虑。说实话，我一开始也有类似的想法，别人一提到冥想，我的脑子里首先会蹦出很多与玄学有关的东西，觉得这种"静坐"就是在浪费时间。但是经过一段时间的学习和亲身实践之后，我发现了冥想能实实在在地带给我们许多好处。

首先，冥想有助于身体的内在调整。哈佛大学医学院和麻省理工学院经过研究和科学的论证发现，冥想可以改变海马体、杏仁核的活跃度，从而让你的额叶变得更厚。这些大脑的关键部位掌管着你的记忆、情绪和大脑的底层算力。冥想能让你的交感神经不那么活跃，这样就更能让你快速地冷静下来，让你变得更专注，情绪掌控能力增强，想问题更清晰。此外，冥想还能促进体内的很多激素比如多巴胺、血清素和内啡肽的分泌，让你同时体会到吃甜食、晒太阳和锻炼身体之后的三重愉悦。

其次，冥想有助于延缓衰老。曾经的诺贝尔生理学或医学奖得主伊丽莎白·布莱克本教授在对端粒的研究中提到，冥想有助于保护端粒，减缓端粒缩短的速度。端粒是染色体末端的 DNA 序列，它们的长度随着年龄的增长而逐渐缩短。当端粒缩短到一定长度时，细胞会进入老化状态或者直接死亡。因此，保护端粒的长度有助于延缓衰老。布莱克本教授的研究表明，冥想可以通过降低身体的应激反应，减缓端粒缩短的速度。她的研究团队进行了一项小型实验，找到两组人，让其中一组人进行六个月的冥想训练，而另一组人进行六个月的放松训练。结果显示，冥想组的端粒长度相比放松组有所增加。这项研究还表明，冥想对于保护端粒的作用并不是由于简单的减压所带来的影响，而是因为冥想可以影响身体内部的生物学过程。具体而言，冥想可以减少身体内的炎症反应和氧化应激，这些因素都与端粒缩短有关。

另外，冥想可以帮你察觉深层级的情绪问题。我们的很多负面情绪之所以不好清理、不好缓解，就是因为它们潜藏在身体内部，不易被察觉。而练习冥想能够帮你觉知情绪，去观察它、了解它，从而化解它。很多人在初次冥想结束之后就体验到了不错的效果，比如内心开始变得平静，精神状态变好，感官体验得到加强等。就拿我来说，我曾经是一个情绪特别暴躁的人，当我第一次被人带着做了一次正念冥想之后，睁眼的那一瞬间，我感觉整个世界都变得温柔了。听着大海的声音，呼吸着海边独有的气味，感受着正午的阳光照射到脸上的温度，那一刻我感觉内心异常平静，好像所有的压力都消失不见了。

二、关于冥想的误解

很多人觉得冥想就是发呆，就是静坐，什么都不想。显然，这是对冥想的误解。如果冥想只是简单地发呆静坐，那就太简单了。而且，冥想也不是让你静坐思考。事实上，在冥想的过程中，我们越是努力思考，效果越会让我们失望。还记得我刚开始练习冥想的时候，总是害怕走神，所以我总是特别努力地想要集中注意力，屏气凝神，精神高度紧张，用尽全力去思考，但结果是，这种做法往往会事与愿违，我越压制它，就越容易分心走神，我的各种欲念越会往外冒。

就像我前面提到的，冥想其实就是一种心灵观察法。它所做的只不过就是将一道明亮的光照耀到你的心灵上，让你更清楚地看到一切。这道明亮的光，会带给你觉醒。你也许不喜欢光芒之下所看到的东西，但这就是此时此刻这个无比真实的你。只有看清了问题，才能解决问题。几乎每个人的心灵，在开始训练之前都是杂乱无章的，也就是所谓的"猴心"——东张西望，左顾右盼，不受控制。而当你开始进行冥想训练的时候，当你发现心灵的混乱，就会惊慌失措，然后会试图去压制它、阻止它。这就好比，你看见路上堵车了，然后就跑到繁忙的大马路上，在车流之间跑来跑去，试图控制交通一样。这样做不仅没有效果，反而有点儿危险。我们普通人经常会试图控制自己的情绪和念头，压抑自己的负面情绪，似乎这是什么我们身体外的"脏东西"。但事实上，没人能控制得住。此时最正确的做法，就是搬个小板凳，坐在原地，观察车来车往。要学会退后一步，与我们的想法和感受保持距离。这样，你就会豁然开朗。当这个过程持续一段时间，你会发现你变得越来越从容淡定了，你不会再频繁地跑到路上，你会越来越安心地坐在马路边，观察情绪来去。你会很淡定地观察自己的情绪和想法，看着它们产生，又看着它们消散。这个过程，就是冥想。

还有人认为冥想就是反思，是用理性战胜感性。但其实这也是不准确的。英国正念专家安迪·帕帝康在《冥想正念手册》这本书里曾提到过，很多焦虑、抑郁的人之所以痛苦，就是因为他们总是过度负面思考，从而陷入"抱死"的状态中，难以自拔。他们会在生活中不断地寻找证据，然后用理性去证明自己没有价值。他们的思考很理性，但只是在感性中悲伤。所以这样的思考，会给他们这种负面状态增加燃料，变得更加严重。牛津大学卡巴金博士的正念认知疗法里面曾提到，正念冥想其实是让你放下思考的过程，只是单纯地去观察、觉知，和这些负面情绪保持距离，不卷入思考。举个例子，当你出现"我真没用""我好后悔""我不该这么做"等负面情绪的时候，别去证明它，也别去对抗，当然更不要逃避。而是带着好奇、接纳的心态，去观察它。正念冥想就是通过这种思维过程的抽离来实现治愈负面情绪的作用的。负面情绪很重的人往往是因为大脑的抱死，自主意识不能做主，所以形成了难以解开的心结。而冥想就是通过脑保健操的形式把锁死的心结慢慢揉开，重建秩序，让自我意识回归主导。自我意识越强，今后就越不容易受到负面情绪的侵袭。

三、冥想究竟要怎么做

冥想其实很简单，很容易上手，它的整个过程可以被高度概括为"A 和 B"。A 就是 Aware，觉察，也就是更好地觉察自己当下的状态；B 是 Being with， 全然接受自己当下的状态，而不对它做简单粗暴的判断或者试图强行改变它。 如果你觉得我说得有点儿抽象，那咱们就不妨做一次简单的冥想。

1. 环境

找一个安静的环境，找个舒服的椅子。对于初学者来说环境很重要，新手应该尽量避免外部的干扰。这个地方不用很大，卧室，客厅或者是阳台，甚至车里都可以，只要确保你在冥想期间不会被打扰就行，关掉电视、手机以及其他会发出噪声的设备。冥想不需要完全静默的环境，外面的狗叫，邻居家的门铃，没有太大关系。意识到这些是噪声，并学会无视它们，更能训练你的专注力。

2. 姿势

很多人认为冥想就一定得做出那种"莲花盘坐"的姿势，但这完全没必要。冥想没有固定的姿势，对于很多人来说，躺着容易睡着，站着又容易分神，所以一般都是坐着。尽量挺直腰板，这样方便你通畅地呼吸。如果你觉得挺直了会累，也可以在腰后面加个小垫子。尽量把眼睛闭上，以便减少干扰。

3. 时长

新手推荐 5 ～ 10 分钟，后面可以逐渐增加时间，初学者建议单次不超过 20 分钟。冥想时间过长可能会产生一个副作用，那就是——有可能会让人有逃离现实的想法。所以冥想虽好，但是一定要把握好度，注意过犹不及。建议你定一个闹钟，或者跟随引导音进行训练。因为冥想的时候你会觉得时间过得很慢，为了避免心里老惦记时间，设定一个时限会好很多。冥想的时间建议在早上起床洗漱完之后，或者晚上睡前洗完澡之后，因为这两个时间段往往是我们最放松、最清醒的时候。

允 许 自 己 做 自 己

4. 内容

初学者可以从最简单的观察式冥想开始练习。调整好坐姿，闭眼、吸气、呼气，每次呼吸都要尽量充分，让胸腔、腹腔充满空气，然后用心去观察全过程。吸气的时候空气通过咽喉一直流入你的丹田，呼气的时候再从丹田流入你的咽喉，从嘴巴呼出去。当然你也可以同时观察身体的感受，肩膀的起伏，手掌的感觉，与椅子接触的感觉，脚与地面接触的感觉等，就这样全身扫描一遍，重复到结束，这就是一次最简单的观呼吸冥想。如果你觉得刚开始做这些很难，那就简简单单地把注意力放到呼吸上就好了。开始你可能会出现注意力不集中的情况，千万不要自责，这很正常。对待这些杂乱的思绪要像对待马路上的车水马龙一样，看着它们来，再看着它们走。你越强迫自己不去想，就越会分心走神。如果走神也不要紧，发现之后把注意力拉回来就好了。当你熟练地掌握了观呼吸冥想之后（注意力可以全程集中），你可以尝试进行观情绪、观念头等一系列更有挑战的冥想训练。

冥想不仅可以帮我们解决包括情绪、心态、注意力等方面的一系列问题，更重要的是，它是大多数普通人最简单、最方便地提升自己的方式。冥想虽然不能直接改变客观世界，不能让你变得更有钱，不能挽回你破碎的感情，也不能让你的工作变得更有趣，但是，它会让你的心态变得更好，情绪掌控能力增强，你的生活一定会因此有所改变，你也会更加热爱这个世界。我想这就是冥想的意义所在。